# FUTURE PRODUCTS

## 91 Innovationen, die zeigen, welche Produkte in Zukunft erfolgreich sein werden

# IMPRESSUM

**Herausgeber** Zukunftsinstitut GmbH

**Geschäftsführung** Harry Gatterer

**Studienleitung** Lena Papasabbas

**Redaktion** Lena Papasabbas

**Autoren** Kim Naike Bussian, Matthias Horx, Lena Papasabbas, Christian Rauch, Christian Schuldt, Janine Seitz, Victoria Siegismund, Sarah Volk

**Lektorat** ecotype Publishing Services

**Gestaltung** Benedikt Eisenhardt

**Druck** Henrich Druck und Medien

**ISBN** 978-3-945647-57-8

Zukunftsinstitut GmbH
Kaiserstr. 53, 60329 Frankfurt am Main
Telefon: +49 69 26 48 48 9-0
Fax: +49 69 26 48 48 9-20
info@zukunftsinstitut.de
www.zukunftsinstitut.de



**Credits**

*Überblick*
Kontext (S. 10), Kontrast (S. 12), Konsequenzen (S. 14): Lena Papasabbas

*Vertiefung*
Human-Centered Design (S. 18): Christian Schuldt

Seamless Mobility (S. 32): Christian Rauch

Circular Economy (S. 44): Victoria Siegismund

Komplexitätsreduzierer (S. 64): Janine Seitz, Christian Schuldt, Lena Papasabbas

Krisen-Innovationen (S. 74): Kim Naike Bussian, Lena Papasabbas

New Luxury (S. 90): Janine Seitz, Matthias Horx

KI & Robotik (S. 107): Christian Schuldt

Stealth Health (S. 116): Victoria Siegismund

Food Solutions (S. 132): Sarah Volk, Lena Papasabbas

*Hintergrund*
Fundament (S. 152): Matthias Horx, Lena Papasabbas

**Live in the future,
then build what's missing.**

— Paul Graham

# INHALT

Wir leben in Zeiten der Tech-Hypes und des Innovationsterrors. Ständig wird „The Next Big Thing" ausgerufen. Jedes Gadget, jede App, jedes Update geht als Innovation durch. Oft verdrängt dabei die reine technologische Machbarkeit jene Frage, die eigentlich über die Zukunftsfähigkeit eines Produktes entscheidet: Hat es einen echten Nutzen, einen echten Mehrwert für Individuum oder Gesellschaft?

# MOMENT

In hochgradig vernetzten und komplexen Umwelten, wo sich verschiedenste Trendströmungen überlagern, werden Produkte, die solche Zukunftsmehr-werte mitbringen, besonders attraktiv: als konkrete Begleiter durch eine ebenso vielschichtige wie ungewisse Welt.

UM

# Überblick

# KONTEXT

Innovationen, das weiß jeder, sind der Motor von Fortschritt und wirtschaftlichem Wachstum. Nach Jahrzehnten der Rationalisierung, globaler Prozessoptimierung und natürlich der Digitalisierung gilt auch im Management die Parole: Organisches Wachstum braucht Innovation. Und weil alle darüber reden, könnte man meinen, wir leben in einem Zeitalter des nie gekannten Innovationstempos. Ob Virtual Reality (VR), Blockchain oder Künstliche Intelligenz (KI): Ständig stehen wir kurz vor dem Durchbruch. Neutrale Berichterstattung vermischt sich nahtlos mit den Marketing-Claims der Tech-Giganten, Heilsbringerfantasien aus dem Silicon Valley und von Unternehmen gepushten Zukunftsszenarien.

Innovation wird dabei meist gleichgesetzt mit technologischer Innovation. Intelligente Sprach-Interfaces, immer bessere Quantify-Apps, Deep-Learning-Algorithmen, Kryptowährungen, VR-Glasses ... Technische Lösungen dominieren den Markt und den Diskurs. So wird es immer schwieriger, echte Innovationen aus dem allgemeinen Tech-Hype herauszufiltern. Und zugleich geht der Blick für vielversprechende Neuerungen außerhalb der Sphäre des Digitalen schnell verloren.

Interessanterweise leben wir aber weder in einem besonders innovativen Zeitalter, noch sind große Umwälzungen auf Seiten der Technologie zu erwarten: Die meisten Fortschritte sind eher graduelle Verbesserungen. Für ganz bestimmte Nischen und Branchen lösen sie zwar Veränderungen aus, doch große Disruptoren wie das Internet oder das Smartphone sind in den nächsten Jahren nicht zu erwarten (vgl. Thiel 2011/Stephenson 2011/Lind 2010).

Tatsächlich verlangsamt sich die reale Innovationsrate von digitalen Geräten – im Sinne einer Neuerung mit realem Mehrwert – seit Jahren. Während sich in den Kellern der Nation immer mehr Kabel, Adapter, Stecker und aussortierte Endgeräte ansammeln, schwämmen jedes Jahr minimal verbesserte Versionen immergleicher Devices den Markt. Dennoch – oder gerade deswegen – schreibt sich jedes Produkt, jedes Unternehmen und jede Marke, die etwas auf sich hält, das Attribut „innovativ" auf die Fahne. Jede noch so kleine Verbesserung wird als Produktinnovation verkauft, insbesondere in der Welt des Digitalunternehmertums.

Doch nicht alles, was digital ist, ist notwendig innovativ. Längst **nicht jedes Problem ist technologisch lösbar,** und nicht jede technologische Lösung beantwortet ein echtes Problem. Im Gegenteil: Während eine

Innovationen aus der Tech-Branche die nächste jagt, wird immer unklarer, welches Problem eigentlich gelöst werden soll. Der amerikanische Internet-Kritiker Evgeny Morozov spricht von einem regelrechten „Solutionismus", zu deutsch in etwa „Löseritis": Technik auf der verzweifelten Suche nach Problemen. Weder der smarte Kühlschrank, der vollautomatisch die Milch nachbestellt, noch das digitale Brotmesser oder die vernetzte Waschmaschine haben bisher ihren Mehrwert bewiesen, und auch die immer versierter werdenden Sprach-Interfaces nehmen uns bisher kaum etwas ab, was wir nicht selbst (besser) können. So beeindruckend es ist, wenn Google auf der Bühne einer Innovations-Konferenz seine Sprach-KI Duplex einen Friseurtermin vereinbaren lässt: Einen echten Need beantwortet die virtuelle Assistenz damit nicht.

Nicht jedes Bedürfnis findet seine Befriedigung durch ein weiteres Gadget, eine neue Software oder bessere App. Beispielhaft zeigt sich dies auch an der Verwendung des Labels „smart". Unter smarter Technologie verstehen wir heute Technologien mit einer starken Vernetzung und intelligenten Funktionen. Am Horizont steht dabei das vollvernetzte Internet der Dinge. Die gesamte Bandbreite an Produkten, die dieser Ansatz hervorbringt, lässt sich heute auf Technikmessen bewundern, vom intelligenten Eierkocher bis zur sprachgesteuerten Toilette. Immer deutlicher wird dabei jedoch auch, dass smart in vielen Fällen eher unsmart ist: Viele „smarte" Systeme und Geräte sind überkomplex, unsicher und unnütz. Sie bewähren sich nicht im Alltag und führen zu frühzeitiger Verschrottung. Sie sind auch nicht variabel genug, um sich echten menschlichen Bedürfnissen anzupassen.

Tatsächlich versperren künstlich aufgeblasene **Technologie-Hypes** eher die Sicht auf die echten Produkte der Zukunft. Digitale Themen wie KI, Robotik oder VR sind zweifelsohne wichtig – aber bei weitem nicht alles. Denn **ob sich ein Produkt durchsetzt, wird nicht allein durch technologische Machbarkeit entschieden**, sondern durch das Zusammenspiel von technologischen, strukturellen, kulturellen und sozialen Gegebenheiten. Und vor allem durch die Frage: Löst das Produkt ein Problem? Erfüllt es einen realen Need?

# KONTRAS

Wie lassen sich in einem Überangebot an (Pseudo-)Innovationen diejenigen Innovationen erkennen, die tatsächlich einen Mehrwert bieten? Zunächst ist es zentral, die Frage der technologischen Machbarkeit nicht als eigenen Treiber zu begreifen – sie ist lediglich eine Grundvoraussetzung. Jedes neue Produkt, das den Markt betritt, jeder Service und jede Erfindung ist von bestimmten Treibern (wie Macht, Effektivität oder Status) und Widerständen (wie Gewohnheit, Systembeharrung oder Kontrollverlust) beeinflusst, die darüber entscheiden, ob es sich in Zukunft durchsetzen wird (vgl. **„Technolution"**, S. 158). Um ein echtes Future Product zu identifizieren, ist es unerlässlich diese soziokulturellen Treiber und Widerstände in der Frage nach dem Zukunftspotenzial eines Produktes mit einzubeziehen. Genauso zentral ist es jedoch, die Bedürfnisse von Individuen und Gesellschaften zu erkennen, die gerade wachsen und an Bedeutung gewinnen. Hier hilft der Blick auf die Megatrends, die großen Tiefenströmungen des Wandels, die uns zeigen, welche Themen und Fragen Gesellschaften gerade und in Zukunft am meisten beschäftigen (vgl. **„Megatrends"**, S. 152).

So zeigt die Untersuchung des Megatrends Konnektivität, dass die Digitalisierung nicht nur das Bedürfnis nach wirklich intelligenten, auf den Menschen zugeschnittenen Hard- und Software-Lösungen generiert (siehe **„KI & Robotik"**, S. 102 und **„Human-Centered Design"**, S. 18), sondern auch einen Bedarf an neuen Produkten und Services, die helfen, die digital erzeugte Komplexität wieder zu reduzieren beziehungsweise zu meistern (siehe **„Komplexitätsreduzierer"**, S. 62).

Auch die Megatrends Neo-Ökologie und die damit zusammenhängende Urbanisierung führen zu einer ganzen Palette von Produktinnovationen, die sich den großen Themen des 21. Jahrhunderts annehmen: Klimawandel, Umweltverschmutzung, die Zerstörung unserer natürlichen Umwelt durch Massenkonsum und fehlende Kreislaufsysteme (siehe **„Circular Economy"**, S. 44). In dieses Feld spielt auch der Megatrend Mobilität hinein – ganze Branchen stellen sich hier neu auf und entwickeln vernetzte, postfossile und geteilte Formen der Fortbewegung (siehe **„Seamless Mobility"**, S. 32). Und auch unser Verständnis von Luxus bleibt nicht unberührt vom neuen Umweltbewusstsein: Luxus wird zum Ausdruck einer neuen, kultivierten Rebellion, Statussymbole werden zunehmend mit ethischem Mehrwert aufgeladen (siehe **„New Luxury"**, S. 90).

T

Der Megatrend Globalisierung erhöht auch globalisierte Risiken: Krisen, Kriege und Krankheiten sind nicht mehr lokal gebunden, sondern wirken sich immer häufiger überregional aus, mit unberechenbaren Folgen. Dies wiederum führt zu völlig neuen Entwicklungen für Krisen- und Ausnahmezustände – Produkte, die oftmals großes Potenzial bergen, auch außerhalb von Extremsituationen das Leben zu erleichtern (siehe **„Krisen-Innovationen“**, S. 74).

Die Alterung und Individualisierung der Gesellschaft bringen dagegen völlig andere Needs hervor. Etwa eine neue Generation von Health Wearables, die die Gesundheit optimieren und dabei fast völlig unsichtbar bleiben (siehe **„Stealth Health“**, S. 116). Dazu eine ganze Palette neuer Produkte rund um das Thema Ernährung, das für immer mehr Menschen als Königsweg zu mehr Gesundheit und Wohlbefinden gilt – und gleichzeitig als Ausdruck von Individualität (siehe **„Food Solutions“**, S. 132).

Die Produkte, Services und Erfindungen, die unseren Alltag, unsere Wirtschaft und unsere Gesellschaft in Zukunft prägen werden, sind heute schon vorhanden. Sie existieren bereits in Nischen, in den Innovationslabors von cleveren Start-ups, den Forschungsabteilungen wirklich zukunftsfähiger Unternehmen und als Prototypen von Forschungseinrichtungen. Diese Studie bietet einen ganzheitlichen Blick auf die Welt der Produktinnovationen und stellt eine Reihe ausgewählter Produkte vor, die alle Bedingungen erfüllen, um zu echten Future Products zu werden.

# Future Products: Neun Thesen

KONSEQU

**HUMAN-CENTERED DESIGN**

Future Products stellen den menschlichen Faktor konsequent ins Zentrum. In einer zunehmend technisierten Welt helfen sie uns, besser, sinnvoller und menschengerechter zu leben.

**SEAMLESS MOBILITY**

Technische Innovationen und veränderte Kundenbedürfnisse werden zum Motor neuer Formen der Mobilität: vernetzt, digital, postfossil und geteilt.

**CIRCULAR ECONOMY**

In Zukunft haben Produkte keinen Anfang und kein Ende mehr. Stattdessen werden sie Teil neuer Kreisläufe, in denen es keinen Müll mehr gibt, nur noch potenziell unendliche Wiederverwertung.

**KOMPLEXITÄTSREDUZIERER**

In einer zunehmend komplexen Welt gewinnen Services und Technologien, die Komplexität reduzieren, enorm an Bedeutung. Durch Vorauswahl, kuratiertes Wissen, Filter oder Transparenz geben sie dem Konsumenten Kontrolle zurück.

**KRISEN-INNOVATIONEN**

Der Impact von Krisen und Katastrophen ist heute unberechenbarer und potenziell globaler denn je. Krisentechnologien gewinnen daher zunehmend an Relevanz – und bergen große Innovationspotenziale.

# UENZEN

**NEW LUXURY**

Luxus wird zum Ausdruck einer neuen, kultivierten Rebellion: Statussymbole werden mit ethischem Mehrwert und nachhaltigem Anliegen aufgeladen.

**KI & ROBOTIK**

Der Hype um KI und Robotik erzeugt allzu oft einen technologischen Tunnelblick. Wirklich zukunftsweisend ist das konstruktive Zusammenspiel von maschineller und menschlicher Intelligenz.

**STEALTH HEALTH**

Nach Wearables kommen nun Disappearables: smarte, beinahe unsichtbare Alltagshelfer, die die Gesundheit erhalten, wiederherstellen oder optimieren.

**FOOD SOLUTIONS**

Essen wird zur neuen Religion, zur Frage der Werte, zum Ausdruck des individuellen Lebensstils – in der Ernährung suchen wir die (Er-)Lösung all unserer Probleme.

# Vertiefung

# THESE 1

**HUMAN-CENTERED DESIGN**

# Future Products stellen den menschlichen Faktor konsequent ins Zentrum. In einer zunehmend technisierten Welt helfen sie uns, besser, sinnvoller und menschengerechter zu leben.

**Human-Centered Design**

## Future Products stellen den menschlichen Faktor konsequent ins Zentrum. In einer zunehmend technisierten Welt helfen sie uns, besser, sinnvoller und menschengerechter zu leben.

### DER SMART-TECH-HYPE

Augmented und Virtual Reality, Blockchain, Internet der Dinge, Künstliche Intelligenz – die computerisierte Welt differenziert sich in rasantem Tempo aus. Gerade die vielfältigen technologischen Dimensionen des digitalen Wandels erzeugen Druck, schüren Ängste und nähren Visionen einer Techno-Zukunft, in der der Mensch nur noch eine Nebenrolle spielt. In einer solchen Sci-Fi-Realität sind wir von allgegenwärtigen Screens, Sensoren und Algorithmen umgeben, die aus unseren Daten unsere Bedürfnisse herauslesen, bevor wir sie selbst kennen, die unser Tun begleiten – und leiten.

Doch Evolution verläuft nicht linear im Sinne einer stetig fortschreitenden Technisierung, sondern komplex, oft widersprüchlich und in rekursiven Schleifen, die neue soziotechnische Synthesen hervorbringen. In eine solche Schleife führt derzeit auch das Gefühl einer zunehmenden Überforderung durch digitale Medien, das viele Menschen verspüren. Daraus erwächst eine neue digitale Achtsamkeit, ein ganzheitliches, real-digitales Mindset – und neue Produkte und Services, die einen reflektierteren, menschengerechteren Umgang mit Digitalität unterstützen.

Dabei rückt die Frage nach der Sinnhaftigkeit digitaler Angebote immer mehr in den Fokus, etwa, wenn es um die Entwicklung nahtloser, natürlicher Schnittstellen zu Technologie geht. Denn je komplexer und undurchschaubarer sich unser Alltag gestaltet, umso attraktiver werden nahtlose Nutzererlebnisse über intuitive, simpel zu bedienende Schnittstellen (siehe dazu auch das Kapitel **„Komplexitätsreduzierer"**, S. 62).

Kein Wunder also, dass das Medium der Sprache derzeit eine digitale Renaissance erlebt, etwa durch die Verbreitung smarter Sprachassistenten oder intelligenter Speaker wie Amazon Echo. Auch hier gilt es jedoch, zwischen Machbarkeit und Sinnhaftigkeit zu differenzieren. Denn die meisten Voice-Anwendungen verharren heute noch im Bereich simpler technologischer Spielereien – sofern sie überhaupt im Alltag funktionieren.

Bei Alexa und Co. steht allzu oft weniger der Mensch und die Frage nach dem Warum im Zentrum als die technologische Machbarkeit. Wirklich Sinn machen Sprachassistenten dort, wo sie ganz spezifische Nutzerbedürfnisse ansprechen, zum Beispiel im Verkehr: Könnte man etwa beim Motorradfahren die Hände am Lenker lassen und die Augen auf die Straße richten, während der Sprachassistent einen Anruf macht, würde das Unfallrisiko enorm sinken (siehe **„Augmented Experiences"**, S. 23).

### AUTHENTITECH: DIE RACHE DES ANALOGEN

Ob und wo eine neue Technologie sich durchsetzt, entscheidet sich an der Frage nach menschlichen Bedürfnissen. Heute stehen diese Bedürfnisse im Zeichen jener Gegentrends, die sich der rapiden Automatisierung, Virtualisierung und Digitalisierung unserer Lebenswelten entgegenstellen: die Slow-, Haptik-, Authentizitäts- und Achtsamkeits-Trends – und immer wieder: der Retro-Trend. **Wenn alles unendlich kopier- und verfügbar ist, wird das Einmalige, Spezifische, Anfassbare zum neuen Luxus.**

Diesen massiven Gegentrend, der sich zurzeit im Real Life vollzieht, hat der kanadische Autor David Sax in seinem gleichnamigen Buch „Die Rache des Analogen" beschrieben. In einer Welt der Bildschirme sehnen wir uns nach Signifikanz. Überall kommt es deshalb zu interessanten Comebacks des Physischen, Haptischen, Authentisch-Dinglichen. Diese Bewegung umfasst weit mehr als das Revival analoger Tools wie Füllfederhalter, Papier-Notizbücher, Vinylplatten oder Fotokameras. Denn im Rückgriff auf das Analoge entwickelt sich aus dem Digitalen auch eine neue Ästhetik des Hybriden: **Das Sinnliche und das Haptische verbinden sich mit der Fluidität der digitalen Funktionen.**

Diese neuen Schnittstellen zum Technischen wenden sich wieder dem Menschen zu. Sie nehmen die Form von Atomen und Molekülen an, in denen wir Wirklichkeit spüren können. Genau deshalb suchen wir die Verlässlichkeit, die in der ständigen Ambiguität des digitalen Raums verloren geht, irgendwann im konkreten Klicken eines Lichtschalters. Produkte und Services, die darauf reagieren, fokussieren auf Echtheit, auf Authentizität (vgl. **„Authentitech"**, S. 27).

Der Designer Tony Fadell, einst Mitentwickler des iPods und später Chefdesigner der Thermostate-Firma Nest, nennt das „Human-adaptive Design" (vgl. Fadell 2015): Technologie soll uns nicht zur Anpassung zwingen, sondern sich vielmehr selbst an unsere Sinne und Gewohnheiten anpassen. Im Kern steht die Idee der Nichtintrusivität: Die Technologien, die uns umgeben, sollen uns nicht reizen und in endlose Aufmerksamkeitsaktionen zwingen, sondern uns und unserem Seelenfrieden dienen.

Diese neue digitale Achtsamkeit wird vorangetrieben von dem kollektiven Gefühl, dass wir im Netz Gefahr laufen, uns von uns selbst zu entfremden. Immer mehr Menschen befreien sich aus der Überforderung des Medial-Digitalen. Sie schalten ab, weil sie ihre Leistungsfähigkeit durch ständiges Multitasking gefährdet sehen. In den USA sind Anleitungen zum Netz-Entzug wie „Digital Diet" oder „Unplug" Millionenbestseller. In Digital-Detox-Camps kann man erfahren, dass ein Leben auch ohne Smartphone möglich ist, Apps wie Selfcontrol limitieren die Online-Zeit und eine ganze Coaching-Branche hat sich rund um das Thema Digital Rightsizing entwickelt.

Die eigentliche Alternative zur digitalen Überforderung ist kein simples Dagegen, sondern ein neues, achtsames Dafür: ein neuer Lebensstil, der die Qualitäten des Netzes mit einer klugen Achtsamkeit verbindet. Ist Online die These und Offline die Antithese, so ist OMline die real-digitale Synthese: eine bewusste Selbstermächtigung für einen achtsam-souveränen Umgang mit einer vernetzten Realität. Produkte, die diesem Trend folgen, helfen, störende digitale Einflüsse auszublenden oder durch ihre Haptik einen achtsamen Bewusstseinszustand zu fördern (vgl. **„OMline-Tools"**, S. 22).

## HUMAN TOUCH TECHNOLOGIES

Die real-digitale Balance des OMline-Trends macht deutlich, was im Fokus jeder technologischen Innovation stehen muss, wenn sie sich langfristig durchsetzen soll: die Wünsche und Bedürfnisse der Nutzer – das genuin Menschliche. Echte Future Products stellen den Menschen in den Mittelpunkt. Kompromisslos. Denn Menschen lieben technische Neuerungen nur, wenn sie ihr Leben erleichtern, wenn sie Sinn für sie machen und detailliert auf ihre Bedürfnisse zugeschnitten sind (vgl. **„Hyper Adaption"**, S. 24) – nicht aber, wenn sie den Verlockungen des Shiny Object Syndrome erliegen, und als überflüssige Gadgets das Leben nur zusätzlich verkomplizieren.

Ein zentraler Leitgedanke des Human-Centered Design besteht deshalb in der Einsicht, dass Digitalisierung nicht primär mit Technologie und IT zu tun hat, sondern mit sozialen Systemen: Der digitale Wandel ist soziotechnischer Prozess, bei dem das Zusammenspiel von Mensch und Technologie im Zentrum steht. Wer dies verinnerlicht, dem eröffnen sich ganz neue Wege über digitale Produktinnovationen nachzudenken.

# Best Practice

2

## OMline-Tools

*Real-digital statt total digital: OMline-Tools fördern die bewusste Selbstermächtigung der Nutzer und einen achtsam-souveränen Umgang mit einer vernetzten Realität.*

1

### IRL GLASSES: AD-BLOCKER FÜRS ECHTE LEBEN

Was wie ein Science-Fiction-Tool klingt, lassen die IRL Glasses (von In Real Life) Realität werden: eine Brille, die das Licht von LCD- und LED-Monitoren blockiert und so jeden Monitor für den Betrachter verdunkelt. Mit Hilfe von NASA-Ingenieuren wird bereits daran gearbeitet, auch Geräte mit OLED-Technologie (organische Leuchtdioden) auszublenden. Die Sonnenbrille, die ab April zum Preis von 49 Dollar erhältlich sein soll und auch Schutz vor UV-Strahlung bietet, funktioniert ähnlich wie polarisierte Brillen, die in einem bestimmten Winkel Handyscreens abdunkeln. Das Resultat: Die Bildschirme bleiben schwarz – und die Welt wirkt wieder ein bisschen analoger.

„Ich bin süchtig nach Technik", sagt CEO Scott Blew, „aber wir versuchen alle, mehr Gleichgewicht in unserem Leben zu finden." Und dazu zählt auch: sich weniger von Werbung ablenken zu lassen und die Unmengen an Sinneseindrücken zu reduzieren, die über Screens im öffentlichen Raum auf uns einprasseln. Die IRL Glasses reduzieren den Information Overflow – und bringen uns ein Stück Realität wieder.

kickstarter.com/projects/ivancash/irl-glasses-glasses-that-block-screens

1 IRL Glasses
2,3 Moto Zen
4 SKULLY FENIX AR

3

4

## Augmented Experiences

*Neue Erfahrungsdimensionen: Der reflektierte Einsatz smarter Schnittstellen macht es möglich, Nutzerbedürfnisse auf ganz neue Weise anzusprechen.*

### MOTO ZEN – DAS ACHTSAMKEITS-HANDY

Man könnte das Moto Zen ein Anti-Smartphone nennen. Der Entwurf des Industriedesigners Miguel Harry verfügt nur über zwei Features, eines auf jeder Seite des Gerätes – Telefon und Kamera. Doch genau in dieser Reduzierung und Einfachheit steckt die eigentliche Rafinesse: So wird das, was eigentlich im Kern der digitalen Vernetzung steht, ins Zentrum gerückt – Kommunikation. Der Leitgedanke des Moto Zen lautet: so wenig Störung und Zerstreuung wie möglich. Die Beschränkung auf nur zwei elementare Funktionen hilft dem Benutzer, fokussiert zu bleiben und sich bewusst auf ein Gespräch zu konzentrieren, anstatt nebenbei Mails zu beantworten oder WhatsApp-Nachrichten zu lesen.

In seiner Simplizität wirkt das Moto Zen auf den ersten Blick wie ein Relikt aus der Steinzeit – was alles andere als ein Zufall ist, denn die Optik ist einem Stein nachempfunden. Der Clou: Sobald das Handy nicht in Verwendung ist, verschwindet das Display, und es bleibt einzig die steinähnliche Oberfläche sichtbar. So betrachtet, ist das Stone Phone vielleicht das smartere Smartphone.

abstractmaterial.com/MotoZen

### SKULLY FENIX AR – DER SMARTE MOTORRADHELM

Das Fahrerlebnis intensivieren und zugleich die Sicherheit erhöhen: Das ermöglicht das Start-up Skully aus Atlanta in Form eines smarten Motorradhelms. Auf den ersten Blick kaum von einem herkömmlichen Helm zu unterscheiden, wartet der FENIX AR im Inneren mit vielen hilfreichen Features auf. So liefert ein ins Visier integriertes Head-up-Display dem Fahrer alle wichtigen Informationen direkt ins Blickfeld – inklusive einer Rückperspektive über die an der Hinterseite des Helms angebrachte Kamera. Via Bluetooth mit dem Smartphone verbunden, kündigt das Display eingehende Anrufe an, informiert über gespielte Songs, zeigt die aktuelle Geschwindigkeit oder die gewünschte Route. Alle Anwendungen sind über Sprachsteuerung bedienbar, Musik wird über die in der Innenseite des Helms liegenden Lautsprecher abgespielt. So hat der Fahrer stets alle Funktionen im Blick und unter Kontrolle – ohne die Augen von der Straße oder die Hände vom Lenker nehmen zu müssen. Die nächste Evolutionsstufe ist bereits in Planung: eine integrierte Vorderkamera, die den Anschluss externer GoPro-Kameras erübrigt.

skullytechnologies.com

1

## Hyper Adaption

*Granulare Sinnovationen: Technische Neuerungen, die detailliert auf bestimmte Bedürfnisse zugeschnitten sind, erhöhen die Lebensqualität der Nutzer.*

### TESLASUIT – VR FÜR DEN GANZEN KÖRPER

Virtual Reality (VR) für die Augen ist mittlerweile nichts Neues mehr – der Einbezug des ganzen Körpers hingegen schon. Ein solches All-over-Gefühl ermöglicht der Teslasuit: ein Bodysuit, der durch Motion und Positional Tracking gestützt wird und über ein haptisches Feedback-System mit klimatischen Effekten verfügt. Vor allem dieses Temperatur-Kontrollsystem, das im Bereich zwischen 20 und 40 Grad variieren kann, soll eine noch intensivere Customer Experience ermöglichen. Mitgründer und CEO Dimitri Mikhalchuk treibt der Wunsch an, den Übergang zwischen realer und virtueller Welt fließender zu gestalten. Der Teslasuit besteht aus einer Jacke und einer Hose und lässt sich via Bluetooth mit einem VR-Gerät oder dem Computer verbinden. Der integrierte Akku hält bis zu vier Tage lang. Derzeit ist der Teslasuit noch auf den Gaming- und Unterhaltungsmarkt zugeschnitten. Künftig könnte er jedoch auch als Smart Clothing für Sport- und Fitnesszwecke dienen.

teslasuit.io

### NURAPHONE – NEUE HÖR-DIMENSIONEN

„Wahrscheinlich die besten Kopfhörer, die es gibt, und vielleicht jemals geben wird." Der australische Hersteller nura verspricht nicht weniger, als die Qualität des Musikhörens zu revolutionieren – mit Bluetooth-On-Ear-Kopfhörern, die sich an die individuelle Beschaffenheit jedes Ohrs anpassen. Trifft Schall auf das menschliche Ohr, gerät es in Resonanz und reflektiert einen Ton, der 10.000 Mal leiser ist als der eingegangene Ton. Anhand dieser otoakustischen Emissionen – den zurückkommenden Schallwellen – lässt sich errechnen, wie gut das Ohr bestimmte Frequenzen hören kann. Die Nuraphone-Kopfhörer messen dieses Signal anhand eines internen Signalprozessors in Kombination mit Messmikrofonen, um sich dem Hörvermögen des Benutzers automatisch anzupassen. So werden etwa Frequenzen, die man schlecht hört, entsprechend verstärkt, um für jeden Hörer das optimale Erlebnis zu schaffen. Die zweite Generation der Kopfhörer verfügt zudem noch über eine Noise-Cancelling-Funktion.

nuraphone.com

1 Teslasuit
2,3 Nuraphone

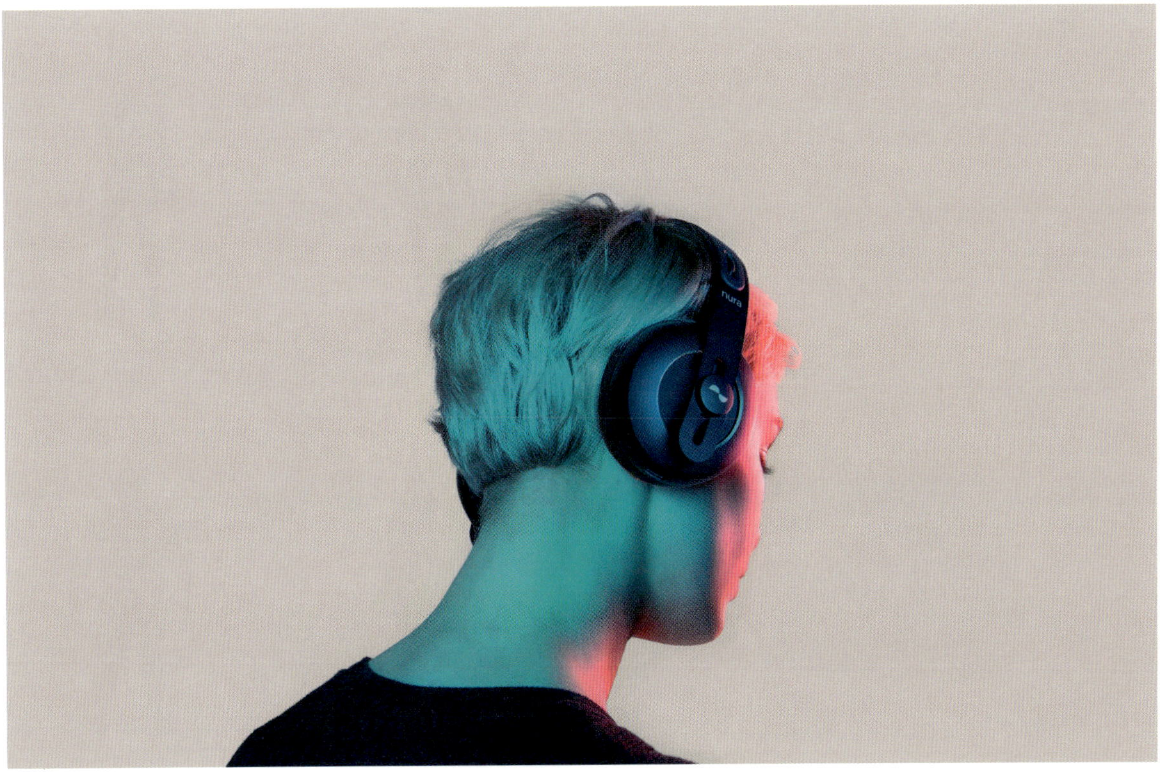

2

3

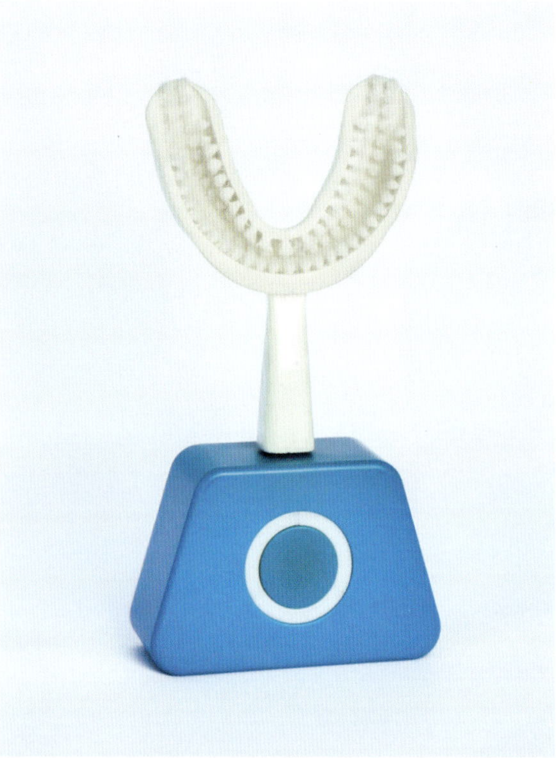

1

## Y-BRUSH – DIE 10-SEKUNDEN-ZAHNBÜRSTE

Zwei Minuten können einem manchmal wie eine Ewigkeit vorkommen, zum Beispiel beim Zähneputzen. Wäre es nicht großartig, wenn uns dieses tägliche Ritual nur zehn Sekunden kosten würde – in denen wir uns einfach zurücklehnen könnten? Genau das ermöglicht die Y-Brush, die nach erfolgreichem Crowdfunding ab 109 Euro erhältlich sein wird. Das Zahn-Gadget besteht aus einem U-förmigen Mundstück, das ein wenig an einen Mundschutz für Sportler erinnert und in vier verschiedenen Modellen für unterschiedliche Kiefergrößen angeboten wird. Das Mundstück enthält eine Vielzahl kleiner Nylon-Lamellen, die die Zähne in einem Winkel von 45 Grad reinigen. Mithilfe von Vibrationen wird der Oberkiefer in fünf Sekunden geputzt, anschließend folgt der Wechsel auf den Unterkiefer. Im Unterschied zu vergleichbaren Projekten, die auf teure Zahnpastakapseln setzen, kann bei der Y-Brush herkömmliche Zahncreme verwendet werden.

Weil die smarte Zahnbürste nicht nur Zeit spart, sondern auch Spaß macht, schafft sie nicht zuletzt für Kinder einen Grund, sich wieder auf das tägliche Zähneputzen zu freuen.

y-brush.com

2

## ZOZOSUIT – ONE SIZE FITS ONE

Der japanische Hersteller ZOZO sorgt dafür, dass sich Kleidung dem Menschen anpasst – nicht umgekehrt. Möglich macht dies der ZOZOSUIT: ein hautenger, dehnbarer schwarzer Anzug mit weißen Punkten, die einen exakten 3D-Scan des Körpers ermöglichen. Die dazugehörige App scannt und wertet die individuellen Körpermaße aus, sodass sich der Nutzer anschließend maßgeschneiderte Kleidung im Shop des Unternehmens bestellen kann. Die virtuelle Kleideranprobe kann also ganz bequem von zu Hause aus erfolgen: „So musst du dir nie wieder Gedanken über Kleidergrößen machen", verkündet ZOZO auf der Website. ZOZO-Gründer und -CEO Yusaku Maezawa will mit seiner Innovation eine neue Fashion-Ära einläuten: weg von standardisierten Größen, die viele Körperformen automatisch ausgrenzen, hin zur hyperindividualisierten Kleidung für den schmalen Geldbeutel. Künftig will ZOZO die Maßanfertigungs-Technologie auch auf die Schuhproduktion ausweiten.

zozo.com

1 Y-Brush
2 ZOZOSUIT
3 ControlPad
4 reMarkable

3

4

# Authentitech

*Echtheit, Haptik, Sinnlichkeit: Die neuen Schnittstellen zum Technischen wenden sich wieder dem Menschen zu – im bewussten Rückgriff auf das Analoge.*

## CONTROLPAD – ZURÜCK ZUR TASTE

Die Kombination aus Maus und Tastatur ist ein Eingabemodus beim Spielen, der von Gamern stets akzeptiert wurde – obwohl der Wechsel zwischen beiden Formaten nicht ohne Einschränkungen zu haben ist. Hier setzt das ControlPad des taiwanesischen Herstellers Cooler Master an. Der externe Nummernblock macht das Hin und Her zwischen Tastatur und Maus obsolet – einfach, smart und authentisch. Der Nummernblock verfügt über 24 programmierbare Tasten und zwei Scrollräder. Die Tasten sind anschlagsdynamisch, reagieren also darauf, wie stark sie gedrückt wurden. Die Programmierfunktion macht es zudem möglich, die Tasten mit eigenen Shortcuts zu belegen – ein Feature, das viel Zeit sparen kann.

Das ControlPad eignet sich für jedes Spiel, das Gamepads und Analogsticks akzeptiert. Doch die Tastatur ist auch jenseits des Gamings vielseitig einsetzbar. Zum Beispiel in der Bildbearbeitung, wo die drucksensitive Steuerung einen intuitiveren Umgang mit Software ermöglicht.

kickstarter.com/projects/coolermaster/controlpad-24-keys-with-analog-control

## REMARKABLE – TABLET MIT PAPIER-FEELING

„Sind Sie ein Papiermensch?" Mit dieser Frage sprechen die Macher des reMarkable-Tablets gezielt all jene an, die vor allem offline mit Stift und Papier arbeiten. Das reMarkable will die Vorzüge des Digitalen und des Handgeschriebenen miteinander verbinden.

Das Schreiben per Hand bietet unbestreitbare Vorteile: Es schärft die Wahrnehmung und die Aufmerksamkeit, es hilft, dass Informationen besser und schneller verarbeitet werden können und steigert die Kreativität. Das reMarkable simuliert deshalb das Gefühl, mit einem Bleistift über ein Papier zu gleiten, durch eine spezielle Oberflächenreibung und einen besonderen Papier-Sound beim Schreiben. Die handschriftlichen Notizen lassen sich später in gedruckten Text konvertieren. Ein E-Ink-Display schont zudem die Augen. Und durch den Verzicht auf Hintergrundbeleuchtung oder Blendung liest man auch wie auf Papier.

Warum dann aber nicht gleich auf echtem Papier schreiben? Weil das Tablet mit 8 GB Speicher Platz für 100.000 Seiten bietet – bei einem Gewicht von nur 350 Gramm.

remarkable.com

# Playful Innovation: Fokus auf den Human Factor

**EXKURS**

Innovation ist in der Digitalökonomie zu einem Muss geworden. Neue Produkte, Services und Technologien müssen her. Direkter Output ist gefragt, immer schneller, immer häufiger. Diese permanente Jagd nach dem Neuen, insbesondere nach neuen technologischen Anwendungen, erzeugt eine fatale Eigendynamik: Die wirklichen Probleme kommen gar nicht erst in den Blick. Die Folge ist eine Flut von Pseudoinnovationen, vom smarten Kühlschrank bis zum intelligenten WC und eine Ebbe an echten Innovationen.

Explizite Innovationsprojekte, -prozesse und -abteilungen, die definieren, wie man an Neues herangeht, verschärfen die Lage nur. Denn solange Innovation ein verordnetes Ziel ist, können nur mechanisch formatierte „Fischstäbcheninnovationen" (Kaduk et al. 2013, S. 55) entstehen: weitere Lösungen, die kein Mensch braucht. Um echte Innovation zu schaffen, gilt es, die Perspektive zu ändern und einen neuen, tieferen Zugang zu entwickeln, der Innovation nicht auf die Erfindung neuer Produkte begrenzt, sondern umfassender versteht: als Veränderung von Verhaltensweisen und Anwendungsgebieten.

## SPIELRÄUME SCHAFFEN

Echte Innovation lebt von tiefer Erkenntnis – und von der Fähigkeit, das Neue mutig, kreativ und spielerisch zu erkunden. Dafür brauchen Unternehmen einen qualitativen und kulturellen Sprung in Richtung Spielfreude, erst recht in einer vernetzten Wirtschaft, die sich permanent wandelt und immer weniger planbar ist. Deshalb ist Playfulness die neue Kernkompetenz innovativer Unternehmen (vgl. Zukunftsinstitut 2017a).

**Echte Innovationsfreude braucht Spielräume** zur freien, autonomen Entfaltung. Erst wenn es möglich und erlaubt ist, kreatives Denken und Handeln auszuprobieren, frei von strikten Vorgaben, kann der kreative Funke überspringen und echte Innovation entstehen. Wegweisend ist deshalb eine Unternehmenskultur, in der die Spielfreude den Ton angibt – und den Menschen ins Zentrum stellt.

Mensch bedeutet dabei auch und zuerst: Mitarbeiter. Das erfordert zugleich ein neues, umfassenderes Verständnis von Führung. Es geht nicht mehr um Kontrolle und Steuerung, sondern um kontrollierten Kontrollverlust und flexible Navigation, um das Schaffen von Spielräumen für Selbstorganisation. Kreative Organisationen räumen ihren Mitarbeitern freie Zeiten für ihre eigenen Ideen und Projekte jenseits des Arbeitsalltags ein. Denn auch Diversität, Multi- und Transdisziplinarität sind starke Treiber für Kreativität. Konkret kann das zum Beispiel eine Förderung des Bootlegging-Prinzips bedeuten: Bottom-up-Projekte, die motivierte Mitarbeiter initiieren ohne Wissen oder Genehmigung des Managements.

Im Kern einer wahren Innovationskultur steht etwas zutiefst Analoges und Menschliches: Vertrauen. Die Freude am freien Denken und Handeln, am Experimentieren und an der Kreativität kann nur auf Vertrauensbasis gedeihen. Eine solche „Psychological Safety" (Edmondson 1999) fördert das, was das Spielwesen Mensch schon immer fasziniert hat: den Flow, das Gefühl des Ganz-bei-sich-Seins. Der Schlüssel dazu liegt in der intrinsischen Motivation. Regel- oder Belohnungssysteme, die Vorgaben von außen machen, können keine Flow-Potenziale erschließen – so wie in der Schule das bloße Pauken nur zu mechanischer Pflichterfüllung und anschließendem Vergessen führt.

**Im Kern einer wahren Innovationskultur steht etwas zutiefst Analoges und Menschliches: Vertrauen.**

## LET'S PLAY

Nachhaltige Lernerfolge schafft erst die aktive Auseinandersetzung mit Themen, die persönlich und subjektiv berühren. Eine spielerische Innovationskultur ist deshalb immer auch eine Lernkultur. Lernen und Spielen sind untrennbar verbunden: Alle Tiere, die lernen können, spielen auch, und jedes Kind baut seine Hirnverschaltungen spielerisch auf. Auch das zeigt: Entscheidend ist der Fokus auf menschliche Erfahrungen und Erlebnisse.

Eine spielfreudige Unternehmenskultur macht es möglich, den Innovation Gap zu überbrücken: die Kluft zwischen unternehmerischen Entwicklungen und tatsächlichen Kundenbedürfnissen. Um die Kundenperspektive wieder stärker in das unternehmerische Handeln einzubeziehen, braucht es eine entsprechende Haltung, eine neue Qualität der Wahrnehmung und des Erkennens.

Auch diese Perception Driven Innovation (vgl. Zukunftsinstitut 2017b) lebt von Playfulness: Es braucht Spielräume, in denen Mitarbeiter sich ausprobieren und auch scheitern dürfen; flexible Gefüge, in denen viele Disziplinen gemeinsam denken und Abteilungen nicht abgeschottet sind; verbindliche Kulturen, in denen schnell an Prototypen gebaut werden kann. Und wo immer auch Zeit bleibt für Wahrnehmung, Reflexion und Erkenntnis. Das ist der Stoff, aus dem Future Products entstehen können.

Als Kinder erleben und erlernen wir im Spiel Neugier, Gefühl, Mut, Lust und Weitblick. Spiel erzeugt Enthusiasmus für Neues. Im Businesskontext muss dieses Knowhow erst wieder aufgebaut und die Spielregeln neu entwickelt werden. Denn Beweglichkeit wird zur entscheidenden Zukunftskompetenz. In der **Studie Playful Business** zeigen wir, wie das in Unternehmen gelingen kann.

# „Die Technologie tritt in den Hintergrund."

**EXPERTE**

## Was macht Produkte zukunftsfähig? Dr. Matthias Laschke, Experte für Experience Design, über interaktive Objekte und eine Gestaltung, die Wohlbefinden und Bedeutung fördert.

**Dr. Matthias Laschke**
ist Post-Doc in der Arbeitsgruppe Ubiquitous Design an der Universität Siegen. Er studierte Industrial Design und promovierte an der Folkwang Universität der Künste mit dem Schwerpunkt Human-Computer Interaction. In seiner Forschung beschäftigt er sich mit der Gestaltung transformationaler Objekte (pleasurabletroublemakers.com), Experience Design und dem soziokulturellen Einfluss von Technologie im Alltag.

**Herr Laschke, Sie gestalten transformationale Objekte, die Sie „Pleasurable Troublemakers" nennen: Was verstehen Sie darunter?**
Pleasurable Troublemakers unterstützen Menschen dabei, selbstgewählte Ziele zu erreichen und so ihr subjektives Wohlbefinden zu steigern. Es sind interaktive Objekte, die einer von uns entwickelten Gestaltungsästhetik folgen, der Ästhetik der Reibung. Die Objekte erzeugen Reibung durch das konkrete Aufzeigen von Handlungsalternativen, wo bisher keine Alternativen zu sein schienen.

**Können Sie ein konkretes Beispiel nennen?**
Ja, zum Beispiel Keymoment: ein kleines Schlüsselbrett, an dem Fahrrad- und Autoschlüssel nebeneinander hängen. Mit dem Ziel, etwas für sich (seine Gesundheit) oder andere (die Umwelt) zu tun, ist die Fahrt mit dem Fahrrad die zielführende Wahl. Greift man bei Keymoment zum Fahrradschlüssel, geschieht nichts, greift man jedoch zum Autoschlüssel, fällt der Fahrradschlüssel zu Boden. Man hebt ihn auf, und mit beiden Schlüsseln in der Hand muss man sich nun erneut entscheiden. Das Schlüsselbrett erzeugt also eine innere Reibung, die es gestalterisch aufzufangen gilt. Damit erkennen Troublemaker an, dass Menschen sich nicht immer ihren eigentlichen Werten und Zielen entsprechend verhalten können. Anstelle von Bevormundung oder oberflächlicher Rhetorik materialisieren Troublemaker zielführende Alternativen durch Interaktionsdesign.

**Welchen Produkten oder Services würden Sie heute das Prädikat human-centered verleihen?**
Nutzerzentrierte Gestaltungsprozesse konzentrierten sich lange Zeit vornehmlich auf Aufgaben und Zielerreichung. Die Qualität eines Produktes wurde in erster Linie aufgrund seiner Effektivität und zielführenden Nutzung beurteilt. Heute ermöglicht das Konzept der User Experience den Einbezug weiterer Produktqualitäten in die Gestaltung wie etwa menschliche Emotionen und psychologische Bedürfnisse. So stellt beispielsweise das Experience Design positive Erlebnisse und die Steigerung subjektiven Wohlbefindens ins Zentrum seiner Gestaltungsbemühungen. Dinge sollen nicht nur effizient, zielführend und oberflächlich schön sein. Das Streben nach Wohlbefinden und Bedeutung soll durch interaktive Technologien unterstützt werden.

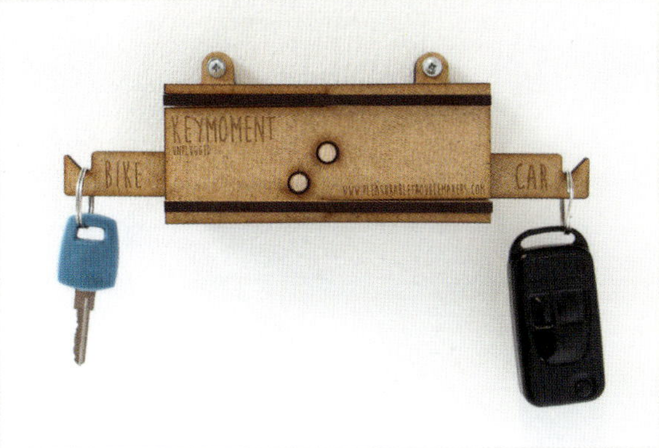


**Dinge sollen nicht nur effizient, zielführend und oberflächlich schön sein.**

**Was würden Sie Unternehmen raten, die unter hohem Innovationsdruck stehen und ihr Heil in technologischen, smarten Neuerungen sehen?**
Neue Technologien sind sicherlich wichtig und spannend. Dennoch sind sie nicht der einzige Weg, um innovative Produkte zu schaffen. Nehmen wir die in der Vergangenheit rasant zunehmende Bildschirmauflösung und Schärfe von Smartphones oder Laptops. Auch ich empfinde das gestochen scharfe Schriftbild meines Laptops als sehr angenehm. Jedoch ist hier eine gewisse Sättigung bereits erreicht – noch mehr und besser macht kaum einen Unterschied. Und bedeutsam, freudvoll oder motivierend wird ein Bildschirm wahrscheinlich niemals, egal mit welcher Auflösung. Der Tatort wird auch nicht spannender, nur weil man ihn in 4K ausstrahlt. Ein Produkt, das mir ermöglicht, mich meinen Liebsten nahe zu fühlen oder das mich in meinem Kompetenzerleben unterstützt, funktioniert dabei anders: Die Technologie selbst tritt in den Hintergrund und positive Erlebnisse treten in den Vordergrund.

**Was macht ein Produkt oder einen Service zukunftsfähig?**
Sicherlich gilt es auch künftig, technologische Herausforderungen zu bewältigen. Nehmen wir als Beispiel die Medizintechnik. Hier haben technologische Innovationen viele positive Effekte in der Vergangenheit gehabt und werden es auch zukünftig noch haben. Doch selbst hier kann man über komplementäre Innovationsstrategien nachdenken. Bei zunehmenden Patientenzahlen spielt das subjektive Wohlbefinden des medizinischen Personals eine immer wichtigere Rolle. Bisher wird Technologie an deren Arbeitsplatz aber vornehmlich zur Steigerung der Effektivität und Effizienz eingesetzt. Es ist naheliegend, dass Ärztinnen und Ärzte sowie Pflegepersonal die Bedeutung ihrer Tätigkeit nicht primär in der Erbringung von möglichst hohen Stückzahlen sehen. Sie möchten Patienten helfen, und sich dabei kompetent und mit den Kollegen verbunden fühlen. Technologie darf daher nicht nur unter einer gesteigerten Effektivität und Effizienz gestaltet werden. Freude und Wohlbefinden sollten nicht nur berücksichtigt, sondern aktiv gesteigert werden. So wird ein Produkt tatsächlich human-centered und damit wirklich zukunftsfähig.

# THESE 2

**SEAMLESS MOBILITY**

## Individualisierung, Urbanisierung, Globalisierung, Digitalisierung, Automatisierung, Sharing, Neo-Ökologie – in kaum einem Bereich fließen so viele große Trendentwicklungen zusammen wie in der Mobilität. Technische Innovationen und veränderte Kundenbedürfnisse werden zum Motor neuer Formen der Fortbewegung: vernetzt, digital, postfossil und geteilt.

# Seamless Mobility

**Individualisierung, Urbanisierung, Globalisierung, Digitalisierung, Automatisierung, Sharing, Neo-Ökologie – in kaum einem Bereich fließen so viele große Trendentwicklungen zusammen wie in der Mobilität. Technische Innovationen und veränderte Kundenbedürfnisse werden zum Motor neuer Formen der Fortbewegung: vernetzt, digital, postfossil und geteilt.**

Mobilität ist mehr denn je eine zentrale Alltagsanforderung. Immer mehr Menschen wollen und müssen mobiler leben, arbeiten und konsumieren. Entsprechend hoch ist die Nachfrage nach Produkten, die das Unterwegssein insgesamt nicht nur nachhaltiger und effizienter, sondern auch stress- und reibungsfreier machen. Damit wird der Mobilitätssektor zu einem der größten Wachstumsmärkte. Alles in allem investieren private Haushalte in der EU jährlich mehr als eine Billion Euro in Leistungen, die das Unterwegssein ermöglichen. In Deutschland sind es pro Kopf rund 2.800 Euro im Jahr, Tendenz weiter steigend (vgl. European Commission 2018).

Doch der Konsum von Mobilität, wie wir ihn jahrzehntelang praktiziert haben, erlebt gegenwärtig eine historische Zäsur. Mobilitätsmuster werden vielschichtiger und komplexer. Das Auto verliert angesichts überfüllter Straßen und staugeplagter Städte seine dominierende Stellung. Darüber hinaus verändern sich massiv die Rahmenbedingungen: Klimawandel, Umweltschutz, Digitalisierung, Globalisierung, veränderte Lebensstile, Konsumgewohnheiten und Arbeitsmuster – all das sorgt für eine Evolution der Mobilität.

## POSTFOSSILE MOBILITÄT

Wir stehen am Beginn eines postfossilen Mobilitätszeitalters. Weil Mobilität künftig mehr denn je unter Umwelt- und Ressourcengesichtspunkten stattfindet, arbeiten neue und alte Player an Produkten und Mobilitätslösungen auf Basis erneuerbarer Energien (siehe **„E-Mobility“**, S. 37). Die Automobilindustrie vollzieht den Systemwechsel, auch weil die Politik die Auflagen verschärft. Dekarbonisierung wird zum neuen Wirtschaftsprinzip – und zum wichtigsten Treiber des Wandels der Mobilität. Einer Studie der Strategieberatung Oliver Wyman und des Verbands der Automobilindustrie (VDA) zufolge werden daher im Jahr 2030 Elektro- und Hybrid-Fahrzeuge über die Hälfte der weltweiten Pkw-Produktion ausmachen (vgl. Oliver Wyman/VDA 2018).

Der Systemwechsel der Autoindustrie ist aber nicht nur bestimmt von Strategien hin zu alternativen Antrieben, die eine Antwort auf das Ende des Ölzeitalters geben, sondern auch von neuen Angeboten für eine vernetzte, multimodale Mobilität. Das eine lässt sich vom anderen nicht trennen, beides geht Hand in Hand.

**Individuelle Mobilität funktioniert künftig nach dem Access-Prinzip. Menschen kaufen sich den Zugang zu Mobilitäts produkten.**

## DIE AUFLÖSUNG DES MODAL SPLIT

Um ans Ziel zu kommen, wechseln Menschen immer häufiger das Verkehrsmittel und wählen je nach Situation mal den Pkw, mal die Bahn oder den Bus, mal das Fahrrad. Das erfordert integrierte Konzepte, die Mobilität nicht mehr in unterschiedlichen Verkehrsmitteln organisieren und anbieten, sondern entlang von Mobilitätsketten. Innovative Unternehmen, die sich als Anbieter einer solchen Seamless Mobility positionieren, indem sie die Schnittstellen zwischen verschiedenen Fortbewegungsarten klug bedienen, verabschieden sich von der Vorstellung des Modal Split. Verkehrsmittel stehen nicht länger in Konkurrenz zueinander, sondern ihre Nutzung wird intelligent miteinander verzahnt. Dabei spielen Microcarrier, wie etwa Elektro-Roller, eine zunehmend wichtige Rolle (siehe **„Micro Mobility“**, S. 40).

## DIGITALISIERUNG DER MOBILITÄT

Die Vision einer hochgradig flexiblen, effizienten, super-integrierten Mobilität ohne Unterbrechungen wird vor allem dank digitaler Vernetzung stückweise Realität. Nur durch den Datenaustausch zwischen Verkehrsteilnehmern, Fahrzeugen und der sie umgebenden Infrastruktur wird Seamless Mobility möglich. Das Resultat ist ein sich selbst steuerndes System der Echtzeit-Verkehrsplanung, der On-demand-Verfügbarkeit und der fluiden, nahtlosen Übergänge von einem Verkehrsmittel zum anderen.

Das Internet der Dinge prägt immer stärker die Mobilität. Mobiles Internet, vernetzte Fahrzeuge, Online-Plattformen, smarte Anwendungen auf Basis von Künstlicher Intelligenz (KI) – all das bildet den Rahmen eines innovativen Mobilitätsdesigns und neuer Verkehrsarchitekturen. Selbstfahrende Autos sind extrem fortschrittliche Beispiele für die Automatisierung der Mobilität. Inzwischen rüsten alle Hersteller ihre Fahrzeuge mit digital vernetzten Systemen aus, und gehen damit einen großen Schritt in der flächendeckenden Durchsetzung Künstlicher Intelligenz in der Mobilität (siehe **„Autonomes Fahren“**, S. 41).

## ACCESS: ZUGANG STATT BESITZ

Weil digitale Vernetzung zunehmend die Art und Weise bestimmt, wie Menschen mobil sind, funktioniert individuelle Mobilität künftig nach dem Access-Prinzip. Menschen kaufen sich den Zugang zu – und nicht den Besitz von – Mobilitätsprodukten. Das ist die neue Logik der Fortbewegung im 21. Jahrhundert. Sie erfordert aber völlig andere Geschäftsmodelle, weil die Anforderungen an die zeitliche und örtliche Flexibilität der Verfügbarkeit von Verkehrsmitteln steigen.

Seamless Mobility, der reibungslose, unbeschränkte Zugang zu unterschiedlichen Mobilitätsangeboten, wird zum neuen Statusmerkmal: Man erhält Zugang zu Mobilitätsprodukten – genau so, wie man sie benötigt, je nach Situation und Standort. Verschiedene Optionen in einem netzwerkartigen, daten- und informationsgesteuerten System zu integrieren, ist der Schlüssel für smartes Mobilitätsdesign.

Die Fülle an Carsharing-Anbietern – Plattformbetreiber wie Uber und die Google-Tochter Waymo, die autonom fahrende Taxis auf die Straße bringt – sind prominente Beispiele für zukunftsweisende Mobilitätsangebote nach dem Access-Prinzip. Selbstfahrende Autos lassen sich beispielsweise künftig als autonome Shuttles per Smartphone-App zum eigenen Standort rufen.

## SHARING: GETEILTE MOBILITÄT

In dem Maße, wie Sharing zur Kulturtechnik einer vernetzten Gesellschaft geworden ist, wird es auch zum Funktionsprinzip in der Mobilität. Es erweitert die Möglichkeitsspielräume: teilen, um mehr zu haben – von dem, was man sich sonst nicht leisten kann, oder von dem, was zur Belastung wird, wenn man es besitzt.

Carsharing boomt, weil Menschen auf das Auto zwar nicht verzichten wollen, es aber nicht mehr besitzen müssen, um es zu nutzen. Shared Mobility ermöglicht die flexible Nutzung von Fahrzeugen, wann und wo man sie tatsächlich braucht – bei gleichzeitig sinkenden Mobilitätskosten (siehe **„Shared Mobility“**, S. 38).

Inzwischen haben nahezu alle großen Autohersteller entsprechende Geschäftsmodelle entwickelt. Auch andere Unternehmen arbeiten mit Hochdruck an der Weiterentwicklung des Angebots: Corporate Carsharing, Ride Sharing, Bike Sharing, Energy Sharing für Elektrofahrzeuge usw. Je mehr sich die Formen geteilter Mobilität vervielfältigen und die Business-Ökosysteme um sie herum ausgebaut werden, desto weniger wird man auf den Besitz eines eigenen Autos angewiesen sein, um zügig, sicher und bequem unterwegs zu sein.

## MOBILITÄTSDIENSTLEISTER ALS COMPANIONS IM MULTI-MOBILEN ALLTAG

Was die Mobilitätsgesellschaft auszeichnet, ist das Bedürfnis nach Einfachheit und nach einer reibungslosen Ankommensgarantie. Konsequent angegangen erfordert das ein individuelles Mobilitätsmanagement, das unseren Alltag in einem integrierten Mobilitätssystem organisiert. Solche ganzheitlichen Mobilitätsangebote zu schaffen, verlangt von Unternehmen, sich zu Mobilitätsmanagern zu entwickeln. Sie werden zum Companion, zum unsichtbaren Begleiter im mobilen Alltag. Mit intelligent kombinierten, netzwerkartig integrierten Angeboten, die je nach Situation, Ort und Zeit zu den Bedürfnissen und Anforderungen der Kunden passen.

Das schafft enorme Potenziale für die Verlängerung der Wertschöpfungskette. Es erfordert aber auch die Bereitschaft und Fähigkeit, über die Grenzen des bisherigen Kerngeschäfts hinauszuwachsen und sich für strategische Partnerschaften zu öffnen. Auf diese Weise werden in den kommenden Jahren neue Business-Ökosysteme entstehen, die extrem kunden- und bedarfsorientiert zukunftsweisende Mobilitätslösungen etablieren.

Daran arbeiten immer mehr Unternehmen mit innovativen Produkten für einen hyper-mobilen Alltag. Seamless Mobility erfordert eine größere Vielfalt an Optionen, die praktikabel, flexibel, zeit- und kosteneffizient kombinierbar sind. Mobilität darf künftig keine wertvolle Zeit verschlingen, sie muss Ressourcen, aber auch den Geldbeutel schonen. Das werden die großen Herausforderungen der kommenden Jahre sein, auf die sich Innovationsanstrengungen richten müssen.

# Best Practice

1

## E-Mobility

*Der Systemwechsel hin zu klimaneutraler, postfossiler Mobilität hat begonnen. Angesichts des Erfolgs von Tesla und vieler kleiner Start-ups, vor allem aber auch unter dem Druck der Politik und der jungen Konkurrenz aus Fernost bringen immer mehr Autokonzerne inzwischen die ersten E-Modelle auf den Markt – und das nicht nur im Premiumsegment.*

### CITY TRANSFORMER – FALTBARE AUTOS FÜR DIE INNENSTÄDTE

Das israelische Start-up City Transformer hat ein Elektroauto entwickelt, das sich per Knopfdruck einklappen lässt und dadurch nur noch den Raum eines Motorrads einnimmt. Mit der Entwicklung will der Hersteller eine Lösung für die Problematik des immer gravierenderen Platz- und vor allem Parkraummangels in Städten liefern. Der Zweisitzer, der auf den ersten Blick an den Renault Twizy erinnert, hat einen Unterbau, der sich automatisch ein- und ausfahren lässt. „Zusammengefaltet" ist er nur noch knapp einen Meter breit. So kommt man mit einem City Transformer selbst in kleine Parklücken, ganze vier von ihm passen auf den Standard-Parkplatz eines üblichen Pkw. Ausgefahren hat der City Transformer eine Breite von 1,4 Metern – und ist damit immer noch rund 40 Zentimeter schmaler als ein durchschnittliches Auto.

Laut Hersteller kann im breiten Modus mit Geschwindigkeiten von bis zu 90 Kilometern pro Stunde gefahren werden, im schmalen Zustand immerhin mit 45 Stundenkilometern.

1 Citytransformer

1

2

Eingesetzt werden sollen sie zunächst in Tel Aviv, anschließend in europäischen und asiatischen Großstädten. Auch Deutschland gehört zu den anvisierten Märkten.

citytransformer.com

### SION – SERIENPRODUKTION FÜR EMISSIONSFREIE AUTOMOBILITÄT

Das deutsche Unternehmen Sono Motors arbeitet am ersten seriengefertigten Elektrofahrzeug, dessen Batterie sich durch direkte Sonneneinstrahlung aufladen lässt. Dank der Integration von insgesamt 330 Solarzellen in das Exterieur des Viertürers namens Sion – auf Dach, Heck und Motorhaube sowie an beiden Seiten – kann der Akku des Autos selbst während der Fahrt geladen werden. Auf diese Weise lässt sich hierzulande an sonnigen Tagen eine zusätzliche Reichweite von 30 Kilometern ermöglichen, ganz einfach und völlig kostenfrei. Ohne den Einsatz der Solarpanele können mit dem E-Auto, das natürlich auch an üblichen Ladepunkten aufgeladen werden kann, immerhin 250 Kilometer zurückgelegt werden.

Anfang 2019 lagen bereits über 9.300 Reservierungen aus mehr als 30 Ländern für den Sion vor, der zum Preis von 16.000 Euro (exklusive der Batterie) angeboten wird und von Ende 2019 an produziert werden soll.

sonomotors.com

## Shared Mobility

*Sharing wird zum wichtigen Funktionsprinzip in der Mobilität. Carsharing ermöglicht eine höhere Flexibilität in der Nutzung eines Pkw – bei gleichzeitig sinkenden Mobilitätskosten. Vor allem aber gelingt durch Shared Mobility die Verknüpfung von individueller Fortbewegung und öffentlichem Verkehr.*

### MOIA – RIDESHARING STATT TAXI

2018 nahm der Volkswagen-Konzern mit seinem Tochterunternehmen Moia einen neuen Mobilitätsdienst in Betrieb, der Städte spürbar vom Verkehr entlasten kann. Der Shuttle-Service verfügt über eigens gefertigte vollelektrische Kleinbusse, die über eine App gerufen werden können. Wie beim Taxi kann man sich zu jeder Zeit an fast je-

1 Sion
2 MOIA

dem Punkt der Stadt abholen und absetzen lassen. Damit das Shuttle aber möglichst ausgelastet ist, um wirtschaftlich und ökologisch nachhaltig unterwegs zu sein, können während einer Fahrt Gäste zu- oder aussteigen. Das gelingt, indem ein Algorithmus in Echtzeit für die im Stadtbereich fast rund um die Uhr verfügbare Fahrzeugflotte und anfragenden Fahrgäste die beste Zeit- und Streckeneffizienz ermittelt. Bis zu sechs Personen, mit gleicher oder ähnlicher Strecke, teilen sich also eine Fahrt – und damit die Kosten.

Nach Hannover ist Hamburg die zweite deutsche Stadt, in der Moia verfügbar ist. VW investiert einen dreistelligen Millionenbetrag in seine neue Marke und will das Geschäft schnell ausbauen. Pro Tag registrieren sich derzeit um die 500 Neukunden.

moia.io

## GETAWAY – PRIVATES CARSHARING FÜR DIE PROGRESSIVE PROVINZ

Unzählige Autos stehen ungenutzt herum. Diese Tatsache machen sich schon länger Plattformen für das Peer-to-Peer-Carsharing zunutze. Privatpersonen können darüber ihr Fahrzeug, solange sie es nicht brauchen, an andere vermieten. So kann jeder Halter sein Auto zum Teil einer kollektiven Flotte machen. Ende 2017 launchte das Berliner Start-up Getaway seine App zum Mieten und Vermieten von privaten Fahrzeugen in Deutschland. Anders als bei vielen Peer-to-Peer-Carsharing-Plattformen üblich, stattet Getaway teilnehmende Fahrzeuge mit einer Onboard-Unit aus und bringt spontanes Carsharing auch in ländliche Regionen – dorthin also, wo es sich für etablierte Anbieter wie Car2Go und DriveNow nicht lohnt.

Nutzer können über die App passende, verfügbare Fahrzeuge in der Nähe finden, öffnen und starten. Getaway kümmert sich um die In-Car-Technologie, Versicherung und Abrechnung inklusive Tankkarte. Ein Treffen zwischen Besitzer und Mieter ist nicht nötig, alles wird über die App abgewickelt – günstig, schnell, unkompliziert und sicher. Das Verkehrsministerium zeichnete Getaway-Gründer Edgar Scholler für sein Start-up mit dem Deutschen Mobilitätspreis 2018 aus.

get-a-way.com

## SPLT – CARPOOLING FÜR BERUFSPENDLER

Gute Gründe sprechen dafür, dass sich Menschen Autofahrten – insbesondere zur Arbeit – mit anderen teilen: finanzielle Ersparnis, Umweltschutz, weniger Verkehr, kommunikativer Austausch, Zeitgewinn gegenüber dem ÖPNV. Dass sich Mitfahrprogramme bislang wenig verbreitet haben, lag zum einem am Imageproblem, zum anderen an der begrenzten Praktikabilität von Ridesharing. Das ändert sich jetzt. Das US-Start-up SPLT will mit Carpooling das Pendeln revolutionieren. Innerhalb von vier Jahren ist das Unternehmen zum profitablen Mitfahrdienst aufgestiegen. Gelungen ist das durch den Business-to-Business-Ansatz: SPLT arbeitet mit Unternehmen, Behörden und Hochschulen zusammen. Mehr als 140.000 Pendler weltweit haben die App bereits auf ihrem Smartphone. Nutzer bekommen von ihren Arbeitgebern Anreize, etwa Tankgutscheine oder reservierte Parkplätze direkt am Gebäude. BMW bietet Teilnehmern des Programms beispielsweise neue 3er-Modelle an. Beim Pooling wählt SPLT die Mitfahrer nach einem Algorithmus im Sinne der kürzesten Anfahrt aus. So kommen auch Kollegen zusammen, die sich sonst nie begegnet wären.

2018 wurde SPLT von Bosch gekauft. „Vernetzung wird die Art, wie wir uns fortbewegen, grundlegend verändern und dabei helfen, die Verkehrsprobleme von heute zu lösen", ist Volkmar Denner, Vorsitzender der Bosch-Geschäftsführung, überzeugt. „Mit ihr wird unsere Vision einer emissionsfreien, stressfreien und unfallfreien Mobilität Realität."

splt.io

## Micro Mobility

*Nicht nur Fahrräder erleben einen Boom als urbanes Verkehrs- und Transportmittel. Busse und Bahnen werden durch ein immer dichteres Netz sogenannter Microcarrier wie Elektro-Roller komplettiert. Micro Mobility wird zum nächsten großen Hype.*

### LIME – SCHNELLER DURCH DIE STADT

Das Unternehmen Lime will nachhaltige Mobilitätslösungen „von Tür zu Tür" bereitstellen, damit Menschen sich in urbanen Umfeldern bequem, kostengünstig und ökologisch fortbewegen können. Mitte 2017 gegründet, gilt Lime heute als einer der führenden Anbieter beim Dockless Bike Sharing. Von Auckland bis Zaragoza – in mehr als 120 Städten weltweit ist das Unternehmen mit seinen grün-gelben Leihrädern vertreten, die per App ausgeliehen werden können. Allein 2018 haben Lime-Kunden mehr als 26 Millionen Fahrten absolviert.

Lime ist quasi aus dem Nichts zum Milliardenbusiness aufgestiegen. Zuletzt haben Unternehmen wie Alphabet, Fidelity, Uber und Google Ventures in einer Finanzierungsrunde 335 Millionen Dollar in das Mobilitäts-Start-up investiert. Ging Lime anfangs zunächst nur mit Fahrrädern an den Start, weitet das Unternehmen sein Geschäft mittlerweile mit Pedelecs und Elektrorollern aus.

li.me/electric-scooter

### COUP – E-SCOOTER EROBERN DIE CITY

In Berlin, Paris und Madrid bietet das Unternehmen COUP tausende E-Scooter zum Ausleihen an. Nutzer können damit rund um die Uhr durch die Straßen der Stadt fahren, ohne dass sie dafür einen Motorradführerschein benötigen. Der E-Scooter-Sharingdienst, ein Tochterunternehmen der Bosch-Gruppe, ging 2016 in Berlin mit anfangs

1

2

3

4

1 Lime
2 Coup
3 Gacha
4 ioki

200 Rollern an den Start. Seither hat das deutsche Unternehmen erfolgreich die Expansion nach Paris und Madrid vorangetrieben, wo insgesamt 3.500 E-Scooter von COUP zur Verfügung stehen.

Als Ergänzung zum bestehenden innerstädtischen Mobilitätsangebot sorgen die Elektroroller für Zeitersparnis im Stadtverkehr und sind eine flexible und günstige Alternative zu öffentlichen Verkehrsmitteln und dem Auto. In einem Pilotprojekt in Tübingen testet COUP derzeit ein neues Geschäftsfeld und bietet seinen Service erstmals in Zusammenarbeit mit lokalen Kooperationspartnern an.

joincoup.com

## Autonomes Fahren

*Es sind vor allem digitale Services, die Seamless Mobility zur Realität werden lassen. Selbstfahrende Autos können beispielsweise per App zum eigenen Standort gerufen werden. Auf diese Weise lässt sich künftig auch das Problem der sogenannten letzten Meile intelligent lösen – und das nicht nur in städtischen Gebieten.*

### GACHA – AUTONOMES DESIGN-SHUTTLE FÜR EXTREME WITTERUNGEN

Das Einrichtungs- und Lifestyle-Unternehmen Muji, bekannt für seinen Minimalismus, steigt ins Mobilitätsbusiness ein. Die Japaner haben sich mit dem finnischen Technologie-Start-up Sensible 4 zusammengetan, um gemeinsam einen autonomen Kleinbus zu entwickeln. Das selbstfahrende Shuttle namens Gacha spiegelt nicht nur die Designphilosophie von Muji wider. Es soll auch für alle Wetterlagen Finnlands gerüstet sein. Denn anders als bei Uber, Waymo, Drive.ai und weiteren Unternehmen, die autonom fahrende Taxis und Kleinbusse auf die Straße bringen, zielt die Entwicklung des Gacha auf den problemlosen und sicheren Einsatz auch bei Dauerschneefall, anhaltendem Frost, vereisten Straßen und Temperaturen von unter minus 20 Grad.

Sensible 4, das die Technologie für das autonome Fahren entwickelt und optimiert, will so der Konkurrenz mittelfristig einen entscheidenden Schritt voraus sein. Das Fahrzeug soll bereits im Jahr 2020 einsatzbereit sein und in den finnischen Städten Espoo, Vantaa und Hämeenlinna im Testbetrieb erprobt werden.

sensible4.fi

### IOKI – ERSTER FAHRERLOSER KLEINBUS AUF DEUTSCHEN STRASSEN

Als erstes Verkehrsunternehmen Deutschlands setzt die Deutsche Bahn autonom fahrende Kleinbusse im regulären Betrieb ein. Im niederbayerischen Bad Birnbach betreibt der Konzern mit seinem Tochterunternehmen ioki seit Ende 2017 erfolgreich die ersten autonomen Linienbusse. Die Elektrofahrzeuge des französischen Herstellers Easymile sammeln unterwegs automatisch Reisende mit ähnlichen Routen ein, um sie gemeinsam ans Ziel zu bringen. Das Ridesharing macht individuelle Mobilität öffentlicher und den öffentlichen Verkehr individueller. So wird auch im ländlichen Raum individuelle, flexible Mobilität ohne eigenes Auto möglich, ähnlich wie beim Taxi – nur als Angebot des ÖPNV und zu den dort geltenden Preisen.

ioki ist mehr als nur eine weitere Konzernmarke. Die Deutsche Bahn schafft damit ein neues Geschäftsfeld. Der klassische ÖPNV soll auf diese Weise nicht ersetzt, sondern entlastet und ergänzt werden. Dazu bietet ioki alle Services aus einer Hand, um etwa kommunale und regionale Verkehrsbetriebe in die Lage zu versetzen, unter eigenem Namen On-Demand-Mobilitätsangebote im öffentlichen Verkehr zu betreiben.

ioki.com

# „Wir brauchen mehr Wettbewerb und kluge Vernetzung."

**EXPERTE**

**Was zeichnet zukunftsfähige Mobilitätsangebote aus? Dr. Stephan Herbst, Technical General Manager bei Toyota Motor Europe, über die Herausforderung von Automobilherstellern, sich mit ihren Produkten in einer immer anspruchsvolleren Mobilitätswelt neu zu positionieren.**

**Dr. Stephan Herbst** ist Technical General Manager bei Toyota Motor Europe, wo er unter anderem die Energy Research Group leitet. In seiner Funktion verantwortet er die Entwicklung postfossiler Automobilitätslösungen und die Wasserstoffstrategie von Toyota in Europa. Darüber hinaus betreute Stephan Herbst unterschiedliche Mobilitätsprojekte im Rahmen des World Business Council for Sustainable Development (WBCSD).

**Herr Herbst, Sie befassen sich bei Toyota tagtäglich mit der Zukunft der Mobilität. Was sind Ihrer Meinung nach die zentralen, wichtigsten Entwicklungslinien, an denen sich Unternehmensstrategien in den kommenden Jahren ausrichten müssen?**
Die Situation, in der sich die Automobilindustrie und das System der Mobilität insgesamt momentan befinden, ist in dieser Form einmalig. Denn es stehen so radikale Änderungen an, dass wir unsere gesamten Geschäftsmodelle und Produkte neu überdenken müssen. Mehrere Einflussfaktoren kommen zusammen: Seit einigen Jahren bereits ist klar, dass die CO2-Thematik an Bedeutung gewinnt. Seit Langem ist klar zu erkennen, dass der Trend bei den Verkehrsemissionen in die falsche Richtung weist. Daher sind schärfere Maßnahmen zu erwarten, wenn etwa die EU ihre Klimaziele erreichen will.

Zugleich müssen wir als Unternehmen konstatieren, dass der Strukturwandel der Mobilitätsindustrie schneller vonstattengeht, als viele vorhergesagt haben. War der Wandel in der Vergangenheit eher evolutionär, sind wir inzwischen mit solch drastischen Veränderungen konfrontiert wie nie zuvor: Seitens regulatorischer Vorgaben der Politik, die in immer kürzeren Abständen neue Rahmenbedingungen schafft, aber auch seitens des Mobilitätsverhaltens durch das steigende Bewusstsein der Verantwortlichen und der Bewohner von Städten für die Qualität des öffentlichen Raums. Von der Stauvermeidung und Luftreinhaltung bis hin zur Umgestaltung urbaner Infrastrukturen und zur Umschichtung von Verkehrsflächen kommt da viel zusammen und wird neu verhandelt.

Automobilhersteller müssen sich dahingehend neu aufstellen, weil sie mit ihren Produkten nur noch zukunftsfähig sind, wenn sich Fahrzeuge vor allem in Städten reibungslos und nachhaltig integrieren.

**Was sind die zentralen Bedürfnisse der Kunden von morgen? Welche Anforderungen müssen zukunftsweisende Produkte erfüllen?**
Aus Kundensicht muss ein Produkt nach wie vor erschwinglich sein, es muss emotional sein, es muss vernetzt sein. Das Fahrzeug muss sicher sein, es muss ökonomisch und es muss ökologisch sein, und sich in bestehende Verkehrssysteme integrieren. Das sind die Grundkriterien. Der Kunde hat aber heute kaum mehr ein Gefühl dafür, wie seine Mo-

bilität von morgen aussieht. Da existiert momentan eine hohe Verunsicherung: Brauche ich mein Auto noch? Kann ich damit demnächst noch in die Innenstadt fahren? Darf ich parken, wo es bisher erlaubt war? Welche Mobilitätsoptionen gibt es in fünf oder zehn Jahren?

**Ganz konkret: Was zeichnet zukunftsfähige Mobilitätsprodukte aus?**
Die Zukunftsfähigkeit hat viele Facetten. Das ist einerseits eine Frage der Technologie, also der Antriebe. Da ist man unter den gegenwärtigen Bedingungen mit Wasserstoff- und Elektroantrieben zweifellos besser aufgestellt. Wir sind überzeugt, dass beide Technologien parallel bestehen werden und man sie gleichzeitig vorantreiben muss.

Ein anderer Aspekt in dieser Hinsicht ist der Preis: Natürlich sind die neuen Technologien zunächst teurer als das, was sich lange am Markt etablieren konnte. Wenn wir wollen, dass Unternehmen auch in neue und nicht immer nur in die altbekannten, ausgereiften, schon wettbewerbsfähigen Technologien investieren, dann braucht es öffentliche Anreize für Käufer, um diese Produkte finanziell attraktiv zu machen. Die Hersteller wiederum sind in der Verantwortung, die Kosten für diese neuen Technologien in den nächsten Jahren radikal zu senken. Toyota arbeitet daran mit drei Strategien: Einmal an der Technologie selbst, indem wir die Brennstoffzelle günstiger herstellen, zweitens indem wir die Skaleneffekte ausnutzen. Wir müssen das Volumen hochfahren. Und drittens brauchen wir mehr Wettbewerb im Markt und neue Kooperationen.

**Das heißt, die Mobilität der Zukunft lässt sich am ehesten gestalten, durch strategische Partnerschaften im Sinne von Coopetition?**
Das wird nur so gelingen. In der komplexen Mobilitätswelt von morgen werden auch Großkonzerne nicht mehr bestehen können, wenn sie alles selbst und aus einer Hand erreichen wollen. Wir müssen uns klug vernetzen und mit verschiedenen Partnern zusammentun. Nur dann werden wir erreichen, dass Kunden neuen Technologien vertrauen, entsprechende Produkte nachfragen und kaufen. Anders noch als bei der Einführung eines Hybrid-Fahrzeugs wie seinerzeit dem Prius sind die Hürden bei einem Elektro- oder Wasserstofffahrzeug – etwa hinsichtlich der Infrastruktur – deutlich höher. Diese Hürden lassen sich nicht anders als in neuen kooperativen Modellen und Netzwerken überwinden. Nur wenn das gelingt, sind diese Produkte zukunftsfähig.

Toyota arbeitet zum Beispiel heute verstärkt mit Städten zusammen. Dass ein Automobilhersteller mit Kommunen kooperiert, war bis vor wenigen Jahren noch undenkbar. Doch Städte profitieren davon, weil sie sehen, was an künftiger Mobilität auf sie zukommt, um diese künftig integrieren zu können. Und für uns ist es wichtig zu wissen, wie Städteplaner die Städte der Zukunft gestalten wollen.

**Wenn wir von Seamless Mobility sprechen – worauf kommt es Ihrer Meinung nach an, um eine wirklich reibungslose Fortbewegung zu realisieren?**
Wir haben heute viel mehr Fortbewegungsoptionen als noch vor wenigen Jahren und sie nehmen weiter zu. Zugleich sind sie durch die digitale Vernetzung flexibler kombinierbar. Seamless Mobility braucht aber mehr als nur Vielfalt. Entscheidend sind letztlich Komfort und Zuverlässigkeit. Kunden lassen sich auf vielfältige, komplexe Mobilitätsketten nur ein, wenn sie verlässlich funktionieren. Wenn es dazwischen Systeme gibt, bei denen nicht sicher ist, dass ich ankomme, wann und wo ich will, wird es schwierig. Umso wichtiger wird die Vernetzung der verschiedenen Verkehrsträger, die Verkehrssteuerung und das Mobilitätsmanagement auf Basis von Echtzeitinformationen. Wir brauchen mehr Optionen. Wir brauchen aber auch ihre Anschlussfähigkeit untereinander. Das erfordert auch von Automobilherstellern, sich mehr und mehr zu Dienstleistern zu entwickeln, zu Anbietern von Mobilitätsservices. Diese Erkenntnis ist nicht ganz neu. Jetzt aber sehen wir, dass die Zeit reif ist, sich dafür neu aufzustellen.

# THESE 3

**CIRCULAR ECONOMY**

# Von der Wegwerfgesellschaft zur Kreislaufwirtschaft: In Zukunft haben Produkte keinen Anfang und kein Ende mehr. Stattdessen werden sie Teil neuer Kreisläufe, in denen es keinen Müll gibt, nur noch potenziell unendliche Wiederverwertung.

# Circular Economy

**Von der Wegwerfgesellschaft zur Kreislaufwirtschaft: In Zukunft haben Produkte keinen Anfang und kein Ende mehr. Stattdessen werden sie Teil neuer Kreisläufe, in denen es keinen Müll gibt, nur noch potenziell unendliche Wiederverwertung.**

Zwischen der Küste Kaliforniens und der US-amerikanischen Inselkette Hawaii treibt die Great Pacific Garbage Patch – eine 80.000 Tonnen schwere Insel aus Kunststoffabfällen, die mit 1,6 Millionen Quadratmetern mehr als der vierfachen Fläche Deutschlands entspricht. Dieser Müllteppich aus Fischernetzen, Plastikflaschen und Kleinstteilen im Pazifischen Ozean ist bei Weitem nicht das einzige, sicherlich aber eines der plakativsten Beispiele für die Unmengen an Plastikprodukten, die heute als nutzloser Abfall die Umwelt belasten. Jährlich produziert jeder EU-Bürger im Durchschnitt rund 32 Kilogramm Plastikverpackungsabfall, Deutschland liegt mit 38 Kilogramm pro Kopf sogar darüber (vgl. Eurostat 2018).

Die Globalisierung ist Fluch und Segen zugleich: Einerseits hat die Zunahme internationaler Beziehungen und Handelsströme weltweit zu steigenden Lebensstandards geführt. Andererseits heizt die globale Mittelschicht mit erhöhter Kaufkraft die Massenproduktion von Konsumgütern an, deren Verbreitung, Verpackung und Entsorgung zu immensen Umweltproblemen führen – und heute zu den größten globalen Herausforderungen überhaupt zählen. Doch auch das Nachhaltigkeitsbewusstsein steigt weltweit an: Die international vernetzte Generation Global greift verstärkt auf Sharing-Angebote und nachhaltig produzierte Produkte zurück, globale Probleme wie der Klimawandel oder Umweltverschmutzung rücken in den Fokus der jungen Kosmopoliten (vgl. Nielsen 2018, UN 2015, Zukunftsinstitut 2017).

## ZERO WASTE: DAS ENDE DER VERSCHWENDUNG

Vor diesem Hintergrund ist die **Herstellung und Nutzung nachhaltiger, umweltfreundlicher und biologisch abbaubarer Produkte eine zentrale global-gesellschaftliche Aufgabe der Gegenwart** – und Teil einer neuen Lebenseinstellung. Der Megatrend Neo-Ökologie beeinflusst dabei nicht nur die Wertesysteme von Individuen. Auch Unternehmen kommen kaum noch darum herum, sich den Prinzipien von Nachhaltigkeit und Ressourcenökonomie zu verschreiben.

In diesem Kontext lautet das Schlagwort immer häufiger Zero Waste: Kein Müll soll mehr produziert, keine Ressource mehr verschwendet werden. Dies beginnt im Kleinen mit dem Verzicht auf Einwegbecher, Plastiktrinkhalme oder -tüten in Supermärkten, Bars und Cafés. Immer mehr

Läden bieten ausschließlich unverpackte Lebensmittel an, die in mitgebrachten Mehrwegbehältnissen nach Hause transportiert werden können. Aber auch etablierte Supermarktketten bieten zunehmend plastik- und verpackungsfreie Lebensmittel zur Selbstabfüllung an. Selbst der Computerhersteller Dell setzt bei Laptopverpackungen verstärkt auf recyceltes Meeresplastik.

Langfristig geht die Vision noch einen großen Schritt weiter: Sie zielt darauf ab, von Beginn an in kompletten Produktkreisläufen zu denken und auf diese Art erst gar keinen Müll im herkömmlichen Sinne entstehen zu lassen. In Kooperation mit dem US-amerikanischen Architekten William McDonough hat der deutsche Chemiker Michael Braungart diesen Gedanken mit dem Cradle-to-Cradle-Prinzip (deutsch „von der Wiege zur Wiege"), kurz C2C, auf den Punkt gebracht. Die Idee: eine konsequente Kreislaufwirtschaft, in der Produkte so hergestellt werden, dass von Beginn an ihr Ende mitgedacht wird und Materialien und Nährstoffe in Kreisläufen zirkulieren.

Die Natur dient dabei als Vorbild, denn auch hier ist Abfall nie unbrauchbarer Müll, sondern immer Teil eines kontinuierlichen Kreislaufs. Der Mensch ist nach dieser Logik kein Schädling, der sich durch Raubbau und Konsum an der Natur bereichert, sondern vielmehr ein inhärenter Bestandteil. C2C-Produkte können demnach entweder als biologische Verbrauchsgüter in Form von Nährstoffen beziehungsweise Kompost in den biologischen Kreislauf zurückgeführt werden oder als technische Gebrauchsgüter, etwa in Form von Metallen, – im Idealfall unendlich oft – in technischen Kreisläufen erhalten bleiben. Mittlerweile ist aus dem C2C-Konzept ein Zertifizierungsstandard hervorgegangen, der Produkte unter anderem nach ihrer Kreislauffähigkeit und Materialgesundheit sowie nach dem verantwortungsvollen Einsatz von Wasser und erneuerbaren Energien bewertet.

**Die Natur dient als Vorbild – hier ist Abfall nie unbrauchbarer Müll, sondern immer Teil eines kontinuierlichen Kreislaufs.**

## VON WEGWERF- ZUR KREISLAUFWIRTSCHAFT

Aus Sicht des C2C-Ansatzes stellt herkömmliches Recycling oftmals lediglich eine Zwischenlösung dar und scheitert zudem an der Realität: Mit 61 Prozent wird ein Großteil des Plastikmülls in Deutschland zur Energiegewinnung schlicht verbrannt, 1 Prozent landet auf Mülldeponien – lediglich aus 38 Prozent entstehen tatsächlich neue Produkte (vgl. Handelsblatt 2018). Zudem büßt das Material dabei oftmals erheblich an Qualität ein, Recycling entpuppt sich insofern in Wahrheit vielfach als Downcycling. Innovative Produktlösungen wollen dieser Entwicklung entgegenwirken, indem sie vermeintliche Abfallprodukte durch gezielte Anreicherung und Weiterverarbeitung stofflich aufwerten: Zero Waste durch **Upcycling** (siehe S. 51).

Sowohl der eher kurzfristig angelegte Zero-Waste-Gedanke als auch die langfristige Vision der Kreislaufwirtschaft erfordern einen vollkommen neuen Umgang mit Rohstoffen und Materialien, insbesondere mit dem omnipräsenten Allround-Werkstoff Plastik. Auch ein steigendes Gesundheitsbewusstsein führt dazu, dass immer mehr Menschen Weichmachern und Mikroplastik kritisch gegenüberstehen. Laut einer Bevölkerungsumfrage des

# Best Practice

## POST PLASTIC AGE

*Plastik ist heute überall: Wegwerfartikel, Kunststoffmüll und Plastikreste verschmutzen die Weltmeere und schädigen Gesundheit und Umwelt massiv. Die Zeit ist reif für eine Material-Revolution: Natur statt Kunststoff, Mehrweg statt Einweg.*

Bundesinstituts für Risikobewertung (BfR) sind 56 Prozent der Deutschen besorgt über Mikroplastik in Lebensmitteln – ein Anstieg um 11 Prozent innerhalb eines halben Jahres (vgl. BfR 2018). Es scheint daher an der Zeit, das **Post Plastic Age** einzuläuten: ein neues Zeitalter, in dem Einweg- zu Mehrweg wird, und herkömmlicher Kunststoff in vielen kleinen Schritten von neuartigen, überwiegend naturbasierten Materialien abgelöst wird.

Der C2C-Gedanke schlägt sich aber nicht nur in der zirkulären Dauerverwertung von Rohstoffen nieder, sondern auch im ökonomischen Einsatz von Ressourcen und regenerativen Energiequellen. Dies stellt gerade im dicht besiedelten, urbanen Kontext eine zunehmende Herausforderung dar. Immer mehr Menschen leben weltweit in Städten und machen sie so zu den zentralen Knotenpunkten einer globalisierten Welt. Das stellt ganz neue Anforderungen an eine kreative und nachhaltige Städteplanung. Das **Eco Design** beantwortet die ökologische Herausforderung des urbanen Raums mit smarter Gestaltung, und macht verantwortungsvolles Ressourcenmanagement zum Teil des städtischen Alltags (siehe S. 55).

### POTATO PLASTIC – POMMESGABEL AUS KARTOFFEL

Einwegprodukte aus Kunststoff werden etwa 20 Minuten lang verwendet und benötigen anschließend ungefähr 450 Jahre, um abgebaut zu werden. Pontus Törnqvist von der südschwedischen Universität Lund gab dieses Missverhältnis zu denken. Der Student hat deshalb einen biologisch abbaubaren Werkstoff entwickelt, der sich innerhalb von nur zwei Monaten zersetzt. Die Basis ist denkbar simpel und besteht aus lediglich zwei Zutaten: Kartoffelstärke und Wasser. Beim möglichen Einsatzgebiet sind der Fantasie keine Grenzen gesetzt. Von dünnen Folien, die etwa als Gewürzpäckchen dienen können, über Trinkhalme bis hin zum soliden Einwegbesteck kann das Material vielfältig eingesetzt werden. Törnqvist richtet sich mit seinem Potato Plastic vor allem an Fast-Food-Unternehmen: „Ein Großteil des Kunststoffs, der im Umlauf ist, stammt von den Produkten der Fast-Food-Industrie. Für die Umwelt ist das verheerend. Daher sehe ich eine Chance darin, ihre Beschaffenheit an die geplante Lebensdauer anzupassen“ (vgl. Törnqvist 2018).

jamesdysonaward.org/en-US/2018/project/potato-plastic/

1

2

3

1 Potato Plastic
2, 3 Ecovative Design

## ECOVATIVE DESIGN – PILZ STATT PLASTIK

Das New Yorker Startup Ecovative hat ein Verfahren entwickelt, mit dem Verpackungen und Designgegenstände aus Pilzen gedeihen können. Dazu werden pflanzliche Holz- und Ernteabfälle zerkleinert, bewässert und gekocht, um diese anschließend den Pilzwurzeln, sogenannten Myzelien, zur natürlichen Verarbeitung zu überlassen. Die Wurzeln verdauen das Pflanzenmaterial und verbinden sich innerhalb von sieben Tagen zu einem zähen Geflecht, das sich nach der Trocknung zu einem federleichten und doch soliden Material verfestigt und sich dabei der gewünschten Form anpasst. Auf diese Weise kann nicht nur zu 100 Prozent abbaubares Dämm- und Verpackungsmaterial als Alternative zum umweltschädlichen Styropor produziert werden – mittlerweile konzipiert Ecovative auch schicke Designobjekte unter anderem für Großkonzerne wie Dell und Puma. Auch der Ecovative-Shop selbst führt Lampenschirme, Kühlboxen und Beistelltische aus Mushroom-Material. Wer möchte, kann sich zudem sein persönliches Grow-It-Yourself-Kit für zu Hause bestellen, um Teddybären, Blumentöpfe und viele weitere Objekte aus Pilzen wachsen zu lassen.

ecovativedesign.com

1

2

3

1 Nuatan
2 Zoa
3 Superhalm

### ZOA – BIO-LEDER AUS DEM LABOR

Die Zahl der Veganer nimmt seit Jahren stetig zu. 2018 gaben knapp eine Million Deutsche an, auf sämtliche tierische Produkte zu verzichten – eine Steigerung um 14 Prozent im Vergleich zum Vorjahr (vgl. IfD Allensbach 2018). Als Alternative zu Kleidung, Schuhen und Accessoires aus tierischem Leder dienen üblicherweise synthetische Chemiefasern aus Polyvinylchlorid (PVC) und Polyurethan (PU) – Kunststoffe, die nur selten recyclingfähig und in der Produktion umwelt- und gesundheitsschädlich sind.

Hier möchte das US-amerikanische Unternehmen Modern Meadow ansetzen. Sein ZOA biofabricated Leather besteht – so wie tierisches Leder auch – aus dem Protein Kollagen, das jedoch unter Laborbedingungen von Hefepilzen produziert wird. Das gereinigte Kollagen wird anschließend zu Fasern zusammengefügt und bildet die Strukturen des Materials. Nur zwei Wochen benötigt das Bio-Leder von der Petrischale zum fertigen Produkt: ein sehr viel kürzerer Prozess im Vergleich zur langwierigen Aufzucht von Viehherden und der anschließenden umweltbelastenden Verarbeitung der Tierhäute. Das Ergebnis ist ein Bio-Textil, das tierischem Leder zum Verwechseln ähnlich sieht und in seiner Textur, Dichte und Farbe an individuelle Design-Vorlieben angepasst werden kann. Ende 2019 soll die erste ZOA-Kollektion auf den Markt kommen.

zoa.is

### NUATAN – BIOPLASTIK AUS MAISSTÄRKE

Sechs Jahre haben die jungen Designer Vlasta Kubušová und Miroslav Král an einem Material geforscht, das herkömmlichen Kunststoff auf Rohölbasis auf lange Sicht ersetzen könnte. Auf dem London Design Festival 2018 präsentierten die beiden mit ihrem Unternehmen Crafting Plastics Studio schließlich das Ergebnis: Nuatan, ein kompostierbares Bioplastik aus zu 100 Prozent erneuerbaren Ressourcen, basierend auf Maisstärke, Zucker und gebrauchtem Speiseöl. Das neuartige Material kann wie herkömmliche Kunststoffe verarbeitet werden und soll selbst Temperaturen über 100 Grad standhalten. So können aus Nuatan stylische Accessoires wie Sonnenbrillen entstehen, aber auch Homeware-Objekte wie Vasen und Tablets. Im Gegensatz zu klassischem Plastik ist Nuatan jedoch biokompatibel und schadet weder Mensch noch Umwelt. Für sein revolutionäres Material wurde Crafting Plastics mit internationalen Awards ausgezeichnet, 2018 wurden Kubušová und Král in den renommierten Kreis der Forbes 30 Under 30 aufgenommen. Zudem ist das Designstudio Mitglied des EU-Förderprogramms OpenMaker, das nachhaltige Businessmodelle und Produktionsprozesse unterstützt. Sobald die Designer das erforderliche Sicherheitszertifikat erhalten haben, möchten sie sämtliche Plastikverpackungen für Lebensmittel durch das umweltfreundliche Nuatan ersetzen.

craftingplastics.com

## UPCYCLING

*Der Schwund natürlicher Ressourcen erfordert eine neue Herangehensweise an Rohstoffe, die wir normalerweise als Abfall oder Nebenprodukt empfinden: Vermeintlich nutzlosen Materialien und Produkten wird durch kluge Weiterverarbeitung ein neuer, höherer Wert beigemessen.*

### SUPERHALM – ABFALL AUS APFEL

Plastik-Trinkhalme gehören zu den klassischen Einwegprodukten, die Millionenfach an Stränden und in den Weltmeeren landen. Die Europäische Kommission hat deshalb im Sommer 2018 angekündigt, den Verkauf der Kunststoffröhrchen künftig verbieten zu wollen (Europäische Kommission 2018). Obwohl die Umsetzung des Verbots noch Jahre dauern könnte, reagieren findige Start-ups schon jetzt. So haben die Entwickler von wisefood mit dem Superhalm einen essbaren Trinkhalm konzipiert, der ausschließlich aus nachwachsenden Rohstoffen besteht.

Als Basis dient neben Getreide auch Apfeltrester, ein Abfallprodukt aus der Apfelsaftproduktion. Produziert wird der Superhalm ausschließlich in Deutschland. Die ideale Verzehr-Konsistenz soll der Apfelhalm nach zehn Minuten erreichen – dann entfaltet er einen leicht süß-säuerlichen Geschmack, der durch die Beigabe des pflanzlichen Süßungsmittels Stevia erreicht wird. Den Entwicklern zufolge hält der Trinkhalm in alkoholischen Kaltgetränken über eine Stunde, ehe er sich aufzulösen beginnt, und ist damit deutlich stabiler als Trinkhalme aus Papier.

wisefood.de

## KAFFEEFORM – VON DER BOHNE ZUR TASSE

Jeder Deutsche trinkt pro Jahr im Schnitt 162 Liter Kaffee. In europäischen Haushalten und Cafés entstehen auf diese Weise tagtäglich acht Millionen Kilogramm Kaffeesatz, die idealerweise auf dem Komposthaufen, meist jedoch im Restmülleimer landen (vgl. Scheffer 2018). Das Berliner Start-up Kaffeeform hat dieses Abfallprodukt nun als natürlichen Rohstoff entdeckt und produziert damit ebenso naheliegende wie ungewöhnliche Produkte: Espresso- und Cappuccino-Tassen in unterschiedlichsten Ausführungen.

Auch beim Herstellungsprozess steht die Nachhaltigkeit im Fokus: Der Kaffeesatz wird lokal in Gastronomiebetrieben eingesammelt und in der Fabrik unter Zugabe weiterer biologisch abbaubarer Produkte wie Holzfasern, Stärke, Cellulose und Biopolymere zu einem Granulat gepresst. Daraus lassen sich anschließend leichtgewichtige Kaffeetassen formen, die bruchsicher und spülmaschinengeeignet sind. Mittlerweile wurde das Sortiment um Coffee-to-go-Cups erweitert und bietet damit eine nachhaltige Alternative zu den klassischen Plastikdeckel-Wegwerfbechern. Für das revolutionäre und umweltfreundliche Design erhielt das junge Gründerteam 2018 den renommierten Red Dot Design Award. Mittlerweile sind die Tassen online bestellbar und kommen auch in vielen Cafés in ganz Europa zum Einsatz.

kaffeeform.com

## MALMÖ UPCYCLING SERVICE – TASTEFUL WASTE

Skandinavien gilt seit jeher als Geburtsstätte des zeitlosen, minimalistisch-modernen Designs. Das Schwedische Kollektiv Malmö Upcycling Service (M.U.S.) knüpft mit seinen stylischen Homeware-Produkten, die vom Couchtisch bis zum Spiegel reichen, nahtlos daran an. Die Rohstoffe bezieht das Studio aus sechs unterschiedlichen Industriestätten rund um Malmö. In der Kollektion Odds & Ends, die erstmals im Frühjahr 2018 in Reykjavík ausgestellt wurde, verwendet das Designkollektiv recycelte Materialien, die als Nebenprodukte in lokalen Ziegel-, Glas-, Acryl-, Stein- und Blechfabriken anfallen. Auf diese Weise konnten Besucher der Ausstellung die potenzielle Ressource und damit den Wert hinter den vermeintlichen Abfällen erkennen. „Die Initiative zielt darauf ab, neue Ideen darüber zu generieren, wie man nachhaltiger produzieren kann, und zugleich die Bedingungen für eine zirkuläre Warenherstellung zu schaffen", erklärt Mitgründerin Anna Gudmundsdottir (Yalcinkaya 2018). Alle Produkte – jedes ein Unikat – werden so hergestellt, dass sie zur potenziellen Wiederverwendung oder zum Recycling leicht wieder in ihre Einzelteile getrennt werden können. Seit Herbst 2018 sind auch Home-Accessoires wie Kerzenständer aus Granit und Marmor über den Onlineshop des Kollektivs verfügbar.

malmoupcyclingservice.com

1

3

2

4

1, 2 Kaffeeform
3, 4 M.U.S.

1

## FULLCYCLE BIOPLASTICS – FOLIE AUS LEBENSMITTELABFÄLLEN

Das kalifornische Start-up FullCycle Bioplastics widmet sich zwei zentralen Problemen der Gegenwart gleichzeitig: Lebensmittelverschwendung und Plastikverschmutzung. Um Lebensmittelabfälle in einen kompostierbaren und vom Meer abbaubaren Biokunststoff umzuwandeln, verwenden die Ingenieure einen mikrobiellen Prozess: Bakterien zersetzen die gemischten organischen Abfälle und verwandeln sie in Polyhydroxyalkanoate (PHA), eine biologisch abbaubare Kunststoffalternative. Das Ergebnis ist eine Verpackungsfolie, die künftig zum Beispiel Müsliriegel, Chips oder Waschmitteltabs umhüllen soll.

Zu den organischen Abfällen, die das Start-up zu Bioplastik verarbeitet, zählen etwa ungenießbare Lebensmittel, landwirtschaftliche Nebenprodukte sowie verschmutzte Lebensmittelverpackungen. PHA kann wiederum recycelt und anschließend zu neuem Material verarbeitet werden – so schließt sich der schon im Firmennamen erwähnte Full Cycle.

fullcyclebioplastics.com

2

## ALLBIRDS SWEETFOAM – SÜSSES FÜR DIE FÜSSE

Der ökologische Fußabdruck der Schuhindustrie ist gigantisch. Das liegt vor allem daran, dass viele Bestandteile wie Schuhsohlen, Marken-Logos und Schnürsenkel-Spitzen aus rohölbasiertem Plastik bestehen. Mit SweetFoam möchte das Start-up Allbirds aus San Francisco eine umweltfreund-

3

1 FullCycle Bioplastics
2, 3 Allbirds
4 O-Wind

4

liche Alternative bieten. Dabei handelt es sich um ein neuartiges Material, das aus brasilianischem Zuckerrohr gewonnen wird, welches ansonsten als Abfall entsorgt würde. Die bei der Verarbeitung anfallenden Nebenprodukte werden als Dünger für das Zuckerrohr der nächsten Ernte verwertet. Nachdem Allbirds schon Sneaker aus Merinowolle und Eukalyptusfasern auf den Markt gebracht hat, produziert die Firma seit Anfang 2018 farbenfrohe und bequeme Flip-Flops aus SweetFoam. Für Unternehmen, die sich für das technische Verfahren hinter dem revolutionären Zuckerrohr-Material interessieren, bietet Mitgründer Joey Zwillinger an, das Know-how jederzeit mit ihnen zu teilen. Als nächstes soll SweetFoam als Materialgrundlage für die gesamte Produktpalette von Allbirds erweitert werden.

allbirds.com

## ECO DESIGN

*Der Klimawandel erfordert umweltverträgliche Lösungen, die an bestehende urbane Infrastrukturen und alltägliche Gewohnheiten anknüpfen: Neuartige und nachhaltige Produkte erschließen bislang ungenutzte Potenziale des Energie- und Ressourcenmanagements.*

### O-WIND – STROM AUS STADTLUFT

Energie aus Wind zu generieren, ist keine Neuigkeit. Wie aber lässt sich der kräftige, aus allen Richtungen kommende Zugwind nutzen, der durch städtische Hochhäuserschluchten strömt und bislang gänzlich ungenutzt blieb? Dieser Frage gingen zwei Studenten von der englischen Universität Lancaster nach – und gewannen mit dem Ergebnis den renommierten James Dyson Award 2018 für innovative Designlösungen. Der Chilene Nicolas Orellana und der aus Kenia stammende Yaseen Noorani haben mit O-Wind eine sphärisch geformte Windturbine aus Karton entwickelt, mit der sich Strom im urbanen Raum generieren lässt.

„Die Turbine erlaubt es Menschen in den Apartments und Wohnungen, ihre eigene Energie zu gewinnen“, kommentiert Orellana. Das Besondere: Die Turbine passt sich wechselnden Windrichtungen an, indem sie sich um die eigene Achse dreht, und soll außerdem aus nachhaltigen Ökomaterialien produziert werden. Abzuwarten bleibt, zu welchem Preis das Energiewunder auf den Markt kommt. Denkbar ist auch die Vermarktung des Bauplans, mit dem sich die Stadtbevölkerung künftig ihre eigene Turbine am 3D-Drucker ausdrucken kann.

jamesdysonaward.org/2018/project/o-wind-turbine/

### CLIMATE TILE – BETONPLATTEN GEGEN DIE URBANE ÜBERFLUTUNG

Der Klimawandel lässt das Risiko für verheerende Starkregen und daraus resultierende Sturzfluten erheblich ansteigen – eine Herausforderung insbesondere für urbane, dicht besiedelte Gebiete. Vor diesem Hintergrund hat das dänische Architekturbüro Tredje Natur in Kopenhagen ein Bepflasterungssystem für Gehwege und andere öffentliche Plätze konzipiert, das die Überflutung von Straßen reduzie-

1

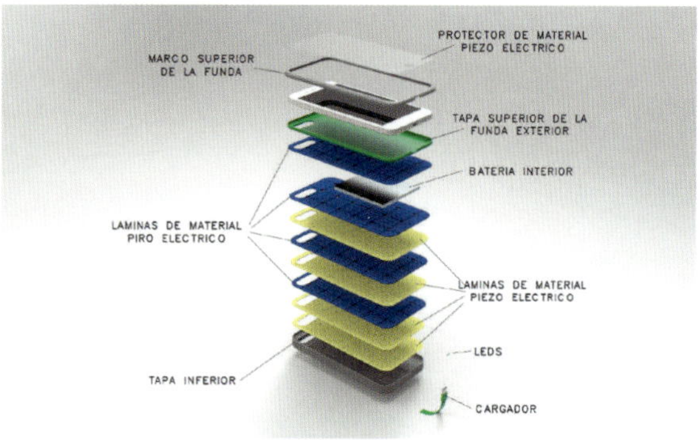


3

2

ren und zugleich Grünflächen schaffen soll. Die Climate Tiles (deutsch „Klimafliesen") sind Betonplatten, die jeweils mit 42 kleinen Poren durchzogen sind. Diese leiten einen Großteil des überschüssigen Regenwassers durch ein Rohrsystem an nahegelegene Blumenbeete, Bäume und Rasenflächen weiter. Der Rest kann in speziellen Reservoirs gespeichert und gefiltert werden, um anschließend über einen längeren Zeitraum zu verdunsten oder im Erdreich zu versickern. Die Rückkehr des natürlichen Wasserkreislaufs in dicht bebaute Städte verbessert das Mikroklima – und macht die Begrünung ehemals grauer Straßenabschnitte möglich.

Nach vierjähriger Entwicklung wurden die Platten im September 2018 auf einem Gehweg im Kopenhagener Stadtviertel Nørrebro installiert. Das System ist modular und skalierbar. Die industrielle Produktion der Climate Tiles soll im Laufe des Jahres 2019 starten.

tredjenatur.dk

## ALEAF – AUFLADEN VON ZAUBERHAND

Ein junges Erfinderteam von der Polytechnischen Universität Madrid hat es sich zur Aufgabe gemacht, vollkommen neue und zugleich alltägliche Formen regenerativer Energien zu erschließen. Dabei stießen die Entwickler auf das Feld der Pyro- und Piezoelektrizität: elektrische Spannung, die durch Hitze beziehungsweise die elastische Verformung von Materialien entsteht. Auf diese Effekte setzen sie nun bei ihrem Konzept Aleaf, einer innovativen Schutzhülle für mobile Endgeräte, in die pyro- und piezoelektrische Materialien eingearbeitet sind. Diese Stoffe absorbieren sämtliche Berührungen – etwa leichte Stöße oder Kontakt mit anderen Gegenständen in der Tasche oder im Rucksack – sowie Temperaturunterschiede, denen das Gerät im Laufe des Tages ausgesetzt ist. Die so generierte Energie wird anschließend in einer integrierten Batterie gespeichert, mit der man das Device dann wieder aufladen kann.

„Unsere Schutzhülle wird durch die Nutzung des Gerätes selbst aufgeladen", erklären die Entwickler das Funktionsprinzip: „Sobald der Akku leer ist, muss lediglich das Ladegerät von der Unterseite des Gehäuses entfernt und ans Gerät angeschlossen werden." Aktuell konstruiert das Team erste Prototypen.

jamesdysonaward.org/de-DE/2018/project/aleaf/

1, 2 Climate Tiles
3 Aleaf

# NatureTech: Back to Nature im Hightech-Zeitalter

**EXKURS**

Um die Menschheit der Zukunft vom überbordenden Müll zu befreien, wurde 2008 im Animationsfilm „WALL-E“ der gleichnamige Abfallroboter eingesetzt. Im Film bleiben die Bemühungen von WALL-E vergeblich, die Erde wird als wüste Müllhalde von der Menschheit aufgegeben. Auch in der heutigen Realität sind uns Roboter noch keine große Hilfe, um das immer dringlichere Abfallproblem zu lösen. Hoffnung kommt nun aus einer ganz anderen Richtung: Aus der Natur selbst.

## PLASTIKFRESSENDE ORGANISMEN

Nur durch Zufall entdeckte die italienische Wissenschaftlerin Federica Bertocchini eine Raupenart, die handelsüblichen Kunststoff innerhalb kurzer Zeit fressen und verdauen kann. Die Larven der großen Wachsmotte (*Galleria mellonella*) sind in der Lage, den wohl am häufigsten verwendeten und biologisch kaum abbaubaren Kunststoff Polyethylen zu zersetzen. Innerhalb von nur 12 Stunden bauen 100 Wachsmotten-Larven 92 Milligramm einer handelsüblichen Einkaufstüte ab – laut Bertocchini Rekordzeit. Das für die Zersetzung verantwortliche Enzym oder Molekül will die Wissenschaftlerin nun isolieren.

Auch Ideonella sakaisensis kann Kunststoff vollständig verstoffwechseln – eine Bakterienart, die japanische Forscher des Kyoto Institute of Technology ebenso zufällig entdeckten, als sie an einer Recycling-Anlage für PET-Flaschen Umweltproben nahmen. Das Bakterium könnte künftig dabei helfen, Kunststoff auf natürliche Weise zu zersetzen.

In eine ähnliche Richtung zielt die Entdeckung von Forschern der amerikanischen Elite-Universität Yale: Der bereits 2012 entdeckte Amazonas-Pilz *Pestalotiopsis microspora* metabolisiert die Kunststoffart Polyurethan (PU). Sie wird meist für einfache Schaum- und Dämmstoffe verwendet, fungiert aber auch als synthetische Beschichtung für Lederimitat. Da sich der plastikfressende Pilz zudem zum menschlichen Verzehr eignet, erfüllt er das Ideal einer perfekten Kreislaufwirtschaft.

## EINE BLUME, DIE BÖDEN REINIGT

Eine völlig andere Form des Abfalles steht bei *Rinorea niccolifera* auf dem Speiseplan: Das 2014 entdeckte Veilchengewächs ernährt sich vom Schwermetall Nickel, welches als giftige Altlast von stillgelegten Erzminen, Kraftwerken oder Militäranlagen übrig bleiben kann. Ohne selbst Schaden zu nehmen, absorbiert die Pflanze extrem hohe Nickelmengen und wird damit für die großflächige Reinigung kontaminierter Böden („Phytoremediation“) wie auch für die kommerzielle Nickelgewinnung („Phytomining“) attraktiv.

Noch sind diese natürlichen Umwelthelfer weit davon entfernt, menschengemachte Umweltbelastungen ungeschehen zu machen. Dennoch liefern diese NatureTech-Ansätze wichtige Impulse dafür, wie wir künftig im Kampf gegen Umweltverschmutzung wieder mit der Natur arbeiten – und nicht gegen sie.

# „Ein Quantensprung von der Tradition zur Innovation“

**EXPERTE**

**Wie lässt sich das Cradle-to-Cradle-Prinzip, also eine konsequente Kreislaufwirtschaft, in die Praxis umsetzen? Dr. Carmen Hijosa kam auf eine ungewöhnliche Idee: Sie entwickelte ein alternatives Leder – aus den Fasern von Ananasblättern.**

**Dr. Carmen Hijosa,**
Gründerin von Ananas Anam, bezeichnet sich selbst als ethische Unternehmerin. Die gebürtige Spanierin gab ihre Karriere in der Lederbranche auf und ging zurück an die Universität, um Textilwissenschaft zu studieren. 2014, im Alter von 62 Jahren, promovierte sie am renommierten Royal College of Art in London.

**Frau Dr. Hijosa, Sie haben 15 Jahre lang als Expertin für Lederwaren gearbeitet. Was hat Sie dazu bewogen, der Lederbranche den Rücken zu kehren?**
In den 1990er-Jahren wurde ich als Beraterin auf die Philippinen gesandt, um die Lederindustrie vor Ort zu modernisieren und die Produktion auszubauen. Die umweltschädliche Art und Weise, wie das Leder hergestellt wurde, hat mich bis ins Mark erschüttert. Ich fragte mich: Möchte ich das wirklich weitermachen? Das war ein Wendepunkt in meinem Leben.

**Welchen Hürden sind Sie auf Ihrem Weg zur Entwicklung eines alternativen Leders begegnet?**
Abgesehen von den finanziellen Schwierigkeiten war es das Gefühl, vollkommen allein zu sein: Ich steckte alles in eine Idee, an die zunächst niemand glaubte. Was mich jedoch durchhalten ließ, war die Erkenntnis, dass meine Idee einem Abfallprodukt der Landwirtschaft eine neue Verwendung geben würde, nämlich Fasern aus den Blättern der Ananaspflanze. Und dieses Abfallprodukt könnte so vielen Menschen helfen! Ich arbeitete mit Landwirten, Webern und Färbern zusammen. Es ging also nicht um mich, sondern um diese Leute. Das hat mich enorm motiviert.

**Wie haben Sie Piñatex entdeckt und woraus besteht es genau?**
Auf den Philippinen tauchte ich tief in die reiche Tradition des Landes ein und stieß dabei auf die Faser der Ananasblätter, die dort seit fast 400 Jahren für Textilien verwendet wird. Die Idee war, den Wert dieser Zellulosefasern durch Design und Innovation zu steigern. Also dachte ich: Wie wäre es, wenn ich daraus eine Art Gewebe herstelle – so ähnlich wie unsere Haut oder eben Leder? Das war der Quantensprung von der Tradition zur Innovation. Das Ergebnis ist Piñatex: ein völlig neues Textil, das ganz ohne zusätzliches Land, Wasser oder Pestizide auskommt, weil sein Hauptbestandteil ein Abfallprodukt ist. Diese Fasern sind stark, zugleich aber sehr flexibel und fein. Aufgrund der mechanischen Weiterverarbeitung entsteht schließlich ein Falteneffekt, der dem von Leder sehr ähnlich ist.

**Inwiefern setzen Sie dabei die Idee von Cradle to Cradle um?**
Das Schöne ist nicht nur, dass es sich um ein neues Material handelt, sondern welche positiven Folgen es nach sich zieht: Es geht darum, mit Bauerngemeinschaften vor Ort zusammenzuarbeiten und eine völlig neue Versorgungskette

zu schaffen, die den Menschen und der Erde nützt. Die Idee von Cradle to Cradle und dessen Gründer Michael Braungart war dabei meine Inspiration, sie leitet die gesamte Philosophie von Piñatex. Der Lebenszyklus von Piñatex folgt der Circular Economy: Wir verwenden Ananasblätter, die eigentlich landwirtschaftlicher Abfall der Ananasernte sind und deren Verwendung zusätzliches Einkommen für die landwirtschaftlichen Gemeinden bedeutet. Die sehr nährstoffreiche Biomasse, die nach der Fasergewinnung übrig bleibt, kann von den Landwirten als organischer Dünger genutzt werden. Darüber hinaus werden wir in diesem Jahr unsere Produktion ausweiten und hoffen dann, aus der Biomasse zusätzlich noch Biogas produzieren zu können.

**Ihr Unternehmen Ananas Anam kooperiert mit großen Playern wie Puma, Boss oder Porsche. Wie können Sie solche Firmen dazu bewegen, nachhaltigere und schadstofffreie Materialien einzusetzen?**
Für mich sind diese großen Unternehmen wie Kreuzfahrtschiffe im Meer: Es ist schwer für sie, sich schnell zu bewegen und den Kurs sofort zu ändern. Ananas Anam ist dagegen wie ein Delfin: Ein kleines, flexibles Unternehmen, das schnell handeln kann. Wir haben eine klare und nachhaltige Vision. Zugleich helfen wir dabei, langfristige Lösungen für das Nachhaltigkeitsproblem dieser Unternehmen zu bieten, welche sie in Zusammenarbeit mit uns langsam umsetzen können: Eine gemeinsame Kollektion hier, eine Kooperation dort – damit deuten sie in die richtige Richtung, zeigen ihre positiven Absichten und schreiben sich Nachhaltigkeit auf ihre Fahnen. Sie können sich nicht von jetzt auf gleich dramatisch ändern, das ist nahezu unmöglich. Aber sie können langsam damit anfangen, Stück für Stück.

**Sie widmen sich derzeit einem weiteren zentralen Problem unserer Gegenwart, nämlich Plastik. Könnten Sie uns einen kleinen Einblick in Ihre Ideen geben?**
Als Forscherin arbeite ich an etwas, weil es eine Wut in mir auslöst, eine Verantwortung, handeln zu müssen. Bis 2050 wird es mehr Plastik in den Ozeanen geben als Lebewesen – ist das nicht schockierend? Daher geht es mir darum, nach und nach Kunststoffprodukte durch alternative Materialien zu ersetzen, die in einem geschlossenen Kreislauf verwendet werden können. In meinem Fall sind das Naturfasern – das ist nun einmal das, was ich liebe, und wovon ich weiß, dass es einige der ärmsten Regionen der Welt positiv verändern kann. Momentan entwickle ich unter anderem ein gewebtes Textil, das erneut auf Ananasfasern basiert, und für Bekleidung, Accessoires, Einrichtungsgegenstände oder in der Autoindustrie eingesetzt werden kann – wie Piñatex. Dies wird hoffentlich ein weiterer, wunderbarer Durchbruch sein.

**Welches Ziel haben Sie sich mit Ananas Anam gesetzt?**
In aller Kürze besteht unsere Mission darin, für die Menschen und für die Erde zu sorgen. Die Vision meines Unternehmens ist es, die Herausforderungen unserer Zeit zu meistern, indem wir Produkte entwickeln, in denen wirtschaftlicher Erfolg in die soziale und kulturelle Entwicklung integriert ist und diese fördert. Das ist seit vielen Jahren meine Lebensaufgabe, und das wird sie wohl auch für immer bleiben.

# „Einen positiven Fußabdruck hinterlassen“

**EXPERTE**

**Wie das Denken in Kreisläufen das Müllproblem lösen kann – Tim Janßen, geschäftsführender Vorstand des gemeinnützigen Cradle to Cradle e.V., über eine neue Sicht auf Ökologie.**

**Tim Janßen**
ist studierter Wirtschaftswissenschaftler. Aus der Idee heraus, die Cradle-to-Cradle-Denkschule und das Designkonzept in die Mitte der Gesellschaft zu tragen, gründete er 2012 zusammen mit Nora Sophie Griefahn den C2C e.V., in dem er Strategien entwickelt, um eine maximale Wirkung der Organisation auf die Gesellschaft zu erreichen.

**Welches Menschenbild steckt hinter Cradle to Cradle und wie unterscheidet es sich von dem anderer Umweltschutzorganisationen?**
Die C2C-Denkschule geht davon aus, dass wir uns über die Existenz des Menschen freuen und es begrüßen sollten, auf diesem Planeten zu sein, was der dominierenden Idee hinter der Nachhaltigkeitsbewegung ziemlich widerstrebt. Denn die sagt: Das nachhaltigste Produkt ist eigentlich das, was gar nicht erst hergestellt wird. Demgegenüber sagt die C2C-Denkschule: „Schön, dass du da bist. Der Fußabdruck, den du hinterlässt, kann positiv gestaltet sein.“ Und nicht: „Wir müssen weniger schlecht sein.“

**Wie lässt sich dieser Gedanke bei der Produktherstellung konkret umsetzen?**
Die Nachhaltigkeitsidee hat ausgeprägt, dass wir uns viel darüber unterhalten, was wir alles lassen und weglassen sollen, Stichwort „frei von“. Cradle to Cradle fragt stattdessen: Was ist denn drin? Das heißt, sich von Beginn an zu überlegen: Was produziere ich aus welchem Material, und wie wird das Produkt verwendet? Dazu gehört, das Konzept Müll zu streichen und von vornherein zu wissen: Wir reden von wertvollen Rohstoffen und gesunden Materialien. Nehmen Sie das Fahrrad als Beispiel: Der Reifen nutzt sich ab und landet unweigerlich in der Biosphäre, das Material muss also biologisch abbaubar gestaltet sein. Das Fahrrad-Gestell hingegen ist aus Metall und hochwertigen Kunststoffen, die erhalten bleiben und sich nicht reduzieren. Da stellen sich eher die Fragen: Wie ist das Material beschichtet, welche Farben und Verbindungen kommen zum Einsatz, und wie können wir diese Einzelteile sortenrein trennen, sodass wir damit eine neue Basis für ein neues Produkt schaffen?

**Welche Produkte sind denn mit dem Cradle-to-Cradle-Ansatz vereinbar?**
Mittlerweile gibt es weltweit über 8.000 Cradle-to-Cradle-Produkte, darunter Kollektionen von C&A, Reiniger von Frosch, Stifte von Stabilo sowie Bürostühle oder mit Olivenextrakt naturgegerbtes Leder. Aktuell gründen wir ein Reallabor und Bildungszentrum in Berlin, das C2C Lab, in dem wir zertifizierte Wandfarben einsetzen, aber auch zum Beispiel luftreinigende Teppiche, gesunde und sehr gut recyclebare Linoleum- und Holzböden, rückbaubare Glastrennwände, PVC-freie Kabel aus rückbaubaren Kunststoffen, Armaturen, Fliesen sowie kreislauffähige und energetisch

sinnvolle Fenster. Da gibt es schon sehr viel und das freut uns – aber das ist noch längst nicht genug.

**Sind komplexe Technologie-Produkte wie Mobiltelefone ein Bereich, vor dem das C2C-Designkonzept kapitulieren muss?**

In der Tat sind in Handys viele schwierige Materialien enthalten: verschiedene Edel- und Buntmetalle, bekannt zum Beispiel sind seltene Erden, deren Trennungsprozess sehr aufwendig ist. In diesem Bereich wird viel geforscht, etwa beim Urban Mining, bei dem sich aus einer Tonne Mobilfunkschrott ein Vielfaches an Gold und Nickel im Vergleich zum herkömmlichen Bergbau gewinnen lässt. Die niederländische Firma Fairphone und das deutsche Startup Shiftphone arbeiten derzeit an Themen wie Demontage, modularerem Aufbau und fairer Rohstoffgewinnung.

**Wie passen Kunststoffe in das Cradle-to-Cradle-Designkonzept? Als sogenanntes Bioplastik?**

Grundsätzlich ist es nicht schlecht, nachwachsende Rohstoffe als Basis zu verwenden, um Kunststoff daraus zu erzeugen. Das muss aber nicht sein: Wir können auch konventionelle petrochemische Materialien verwenden, solange wir wissen, wie der Kunststoff beschaffen ist und dass er nicht kontaminiert ist mit giftigen Zusatzstoffen wie Weichmachern. Wir müssen klar definieren, in welchem Szenario der hergestellte Kunststoff eingesetzt werden soll, damit er kreislauffähig gestaltet werden kann. Die Firma Lauffenmühle hat etwa eine synthetische C2C-Faser entwickelt, die petrochemisch erzeugt wird, aber biologisch abbaubar. Daraus produziert sie Berufsbekleidung für die Deutsche Bahn, Strumpfhosen für Wolford und sogar Trinkflaschen. Ich glaube, es müssen Lösungen sein, die auch industriell funktionieren und nicht selektive Kleinstlösungen. Mit Kaffeetassen aus altem Kaffeesatz kommen Sie nicht weit.

**Wie fängt man im Alltag am besten an, nach C2C zu leben?**

Im Handel können Sie die zertifizierten Produkte anhand unseres Labels erkennen. Für Kunden beziehungsweise Bürger ist es ganz wichtig, ein Verständnis dafür zu entwickeln, womit man es zu tun hat und die richtigen Fragen gegenüber den Herstellern zu stellen: Wie ging es den Menschen, die dieses Produkt hergestellt haben? Konnten sie gefahrlos damit in Kontakt sein? Und ist dieses Produkt so gefertigt, dass auch ich gefahrlos damit in Berührung kommen kann? Es gibt zum Beispiel Matratzen, auf denen steht, sie müssen 48 Stunden lang gelüftet werden. Da drängt sich einem die Frage auf: Was passiert in der 49. Stunde? Oder Gebäude, in denen schwangere Frauen nach Fertigstellung ein halbes Jahr lang nicht arbeiten dürfen. Wieso ist das so? Was sind da für Stoffe im Einsatz? Um diese Fragen zu stellen, muss man kein Chemiker sein. Genau das ist unser Ansatz: Diese Mündigkeit zu vermitteln.

**Leben Sie persönlich denn streng C2C-konform?**

Ich versuche natürlich, viel davon anzuwenden. Bei meinem kleinen Kind nutze ich keine Wegwerfwindeln, sondern Stoffwindeln. Ich beziehe zuhause Ökostrom, dessen Herkunft ich kenne. Außerdem nutze ich kreislauffähige Textilien und Schuhe, entsprechende Wandfarben und Möbel. Ich ernähre mich von biologisch erzeugten Lebensmitteln, bei denen ich weiß, dass die Bodenqualität durch den Anbau nicht abnimmt. Ich setze mich eben auch beruflich dafür ein, dass andere Menschen nicht unter den Dingen leiden, die ich konsumiere.

Aber nicht jeder hat die Möglichkeit, sich von morgens bis abends mit diesen Themen auseinanderzusetzen. Auch ist das Konzept Müll derart etabliert in unserer Gesellschaft, dass wir noch viel Arbeit investieren müssen, um auf breiter gesellschaftlicher Basis zu verstehen: Kein anderes Lebewesen bedient sich derart aus natürlichen Systemen und bewegt sich außerhalb der natürlichen Kreisläufe. Wir müssen stärker auf Bildung und Vernetzung setzen, um ein Umdenken ins Rollen zu bringen – genau deshalb gibt es unsere Organisation.

# THESE 4

**KOMPLEXITÄTSREDUZIERER**

## In einer zunehmend komplexen, unberechenbaren und volatilen Welt gewinnen Services und Technologien, die Komplexität sinnvoll reduzieren, enorm an Bedeutung. Durch Vorauswahl, kuratiertes Wissen, Filter oder Transparenz geben sie dem Konsumenten Kontrolle (zurück) und vereinfachen den Alltag.

# Komplexitätsreduzierer

**In einer zunehmend komplexen, unberechenbaren und volatilen Welt gewinnen Services und Technologien, die Komplexität sinnvoll reduzieren, enorm an Bedeutung. Durch Vorauswahl, kuratiertes Wissen, Filter oder Transparenz geben sie dem Konsumenten Kontrolle (zurück) und vereinfachen den Alltag.**

Im Zuge der Vernetzung gewinnt der technologische Fortschritt radikal an Geschwindigkeit, **die digitalisierte Welt scheint sich immer schneller zu drehen** – und die Wirklichkeit flüchtiger zu werden: Was heute noch State of the art ist, kann morgen schon wieder vollkommen veraltet sein. So verbreitet sich das FOMO-Phänomen (engl. „Fear Of Missing Out"): die Angst, jederzeit den Anschluss verpassen zu können, schon durch ein kurzes Innehalten, ein kurzes Ausklinken aus der digitalen Welt. Parallel dazu wächst die Komplexität im Zuge der Vernetzung enorm an – und begünstigt ihrerseits Gefühle von Überforderung und Verunsicherung, die ein Drittel der Deutschen plagen (vgl. D21 2018). In Kombination resultiert daraus nicht selten der Eindruck, die Welt nicht mehr zu verstehen.

### LOST IN COMPLEXITY

Die Reaktionen auf diesen Zustand sind unterschiedlich. Die einen finden sich mit der Situation ab und resignieren. Andere wünschen sich die guten alten Zeiten zurück und verfallen in trotzige Rückbesinnungsforderungen oder postfaktische Parallelwelten. Wieder andere versuchen, mit dem Wandel Schritt zu halten und das eigene Tempo zu erhöhen. Oder sie wählen gezielt aus und nehmen bewusst in Kauf, etwas zu verpassen. Allen gemein ist jedoch der Wunsch nach einer Reduktion der überbordenden Komplexität – und nach mehr Sicherheit. Selbst diejenigen Lebensstile, die die neue Optionenvielfalt begrüßen und die unbegrenzten Möglichkeiten ausleben, brauchen zumindest ein Auffangnetz als Basis. Denn Sicherheit ist ein menschliches Grundbedürfnis – und genau diese Sicherheit wird in digitalen Zeiten zu einem raren Gut.

So hat sich die digitale Sicherheitslage in Deutschland seit 2015 verschlechtert, insbesondere aufgrund einer wachsenden Verunsicherung der Konsumenten hinsichtlich des Umgangs mit ihren persönlichen Daten (vgl. DsiN 2018). Dies führt auch dazu, dass die Diskrepanz zwischen dem Wissen über Sicherheitsmaßnahmen und ihrer tatsächlichen Nutzung und Umsetzung immer weiter anwächst. Umso wichtiger werden in diesem Zuge Produkte und Services, die helfen, die verlorene Sicherheit zumindest ein Stück weit zurückzubringen. Genau darauf zielen die zukunftsweisenden Produkte und Services, die dem Nutzer wieder ein wertvolles Gefühl der Sicherheit in unsicheren Zeiten geben, etwa in Form von besonders umfangreichen Datenschutzmaßnahmen.

## VERTRAUEN DURCH TRANSPARENZ

Eine wichtige Rolle beim Thema Sicherheit spielt auch der Faktor Transparenz, insbesondere wenn Vertrauen von Grund auf aufgebaut werden muss – oder verloren wurde. Transparenz reduziert zwar nicht unbedingt die Komplexität, macht jedoch die komplexen Prozesse sichtbar: Wer will, kann beobachten und nachverfolgen, wie etwas funktioniert – auch wenn damit noch nicht gesagt ist, ob man die Abläufe auch versteht. Häufig wird mit Transparenz auch das Prinzip der Offenheit verknüpft. Openness beschreibt den freien, uneingeschränkten Zugang zu Wissen und Informationen sowie die kollaborative oder kooperative Entscheidungsfindung. Ein bekanntes Beispiel sind Open-Source-Produkte, deren Quellcode, Designelemente oder Inhalte von anderen verwendet werden dürfen. Häufig liegt Open-Source-Software die Idee zugrunde, dass sie mithilfe der Weisheit der Masse immer besser, also permanent upgedated wird. Offenheit lädt zum Mitmachen ein – nicht nur zum Vorbeischauen.

Ein solches Transparenzversprechen birgt auch die Blockchain. Vereinfacht gesprochen, anonymisiert die Blockchain ihre Nutzer und ermöglicht zugleich ein hohes Maß an Transparenz. Diese Kombination kann in verschiedenen Industriezweigen zu weitreichenden Veränderungen führen (siehe auch Exkurs S. 70). Die Blockchain ist damit auch ein Versprechen an Konsumenten, durch lückenlose Transparenz eine neue Dimension des Vertrauens zu schaffen, die nicht auf staatlichen Kontrollen basiert, sondern auf einem dezentralisierten System aller Teilnehmer. Und sie ist ein Paradebeispiel für den Trend zur **Trust Technology** (siehe S. 66), mit dem eine neue Gewichtung einhergeht: Bei Technologieentwicklungen wird nicht mehr ausschließlich auf wirtschaftliche Interessen fokussiert, sondern vor allem auf sicherheitsrelevante Aspekte. Dieser Trend wird sich weiter verfestigen, schon weil Gesetze und Verordnungen dies rechtlich vorschreiben. Die EU-weit verbindliche Datenschutz-Grundverordnung (DSGVO) beinhaltet den Grundsatz „Privacy by Design and Default", also Datenschutz durch Technikgestaltung und datenschutzfreundliche Voreinstellungen.

## SMARTE HELFER IN EINER VERNETZTEN WELT

Je mehr Sicherheitsaspekte bereits bei der Entwicklung von Technologien zum Standard werden, umso mehr können diese vertrauenswürdigen Technologien dann auch das Thema Usability ins Zentrum stellen. Die Digitalisierung macht den Alltag komplexer – bietet aber auch unzählige smarte Optionen zur Vereinfachung alltäglicher Routinen. Wirklich sinnvolle Lösungen sind dabei optimal an die persönlichen Bedürfnisse angepasst (siehe hierzu auch das Kapitel **„Human-Centered Design"**, S. 18).

Das betrifft auch das Thema Identitätsmanagement: Während per se sichere Technologie immer mehr zur Normalität wird, muss sich jeder selbst um die Sicherheit seiner Identität im Netz kümmern. Kein Mensch weiß jedoch genau, welche Spuren er im Netz hinterlässt und welche seiner Identitätssplitter wo im World Wide Web herumschwirren. Umso mehr wird das Verwalten und Nutzen von Identitäten zu einer zentralen Aufgabe und Kompetenz – nicht nur für Individuen, sondern auch für Organisationen. **Identity Manager** (siehe S. 67) bieten dafür neue Schutzmechanismen und Konzepte des Identitätsmanagements an, die für Vertrauen sorgen.

Direkt damit verknüpft sind Produkte und Dienstleistungen, die uns im Alltag unterstützen: Meta-Services, die spezifisch auf jeden Einzelnen, auf seine jeweilige Situation und Lebenslage zugeschnitten sind, und zugleich auf einer höheren Ebene umfassend und ganzheitlich wirken. „Kein Mensch zahlt für ein Produkt. Er zahlt dafür, was ein Produkt leistet", konstatierte der Ökonom Peter Drucker bereits vor mehr als 50 Jahren (vgl. Drucker 1964). Technologien oder Dinge, die das Thema **Seamless Life** (siehe S. 68) adressieren, helfen uns, ein vernetztes Leben einfacher, befriedigender und sinnvoller zu führen. In einer volatil-vernetzten Welt sind Konsumenten gerne bereit, in die Reduktion der Komplexität und in eine Vereinfachung des Alltags zu investieren.

# Best Practice

1

## Trust Technology

*Je mehr der Schutz privater Daten im Netz gefährdet ist, umso relevanter werden Lösungen, die Transparenz und Sicherheit ins Zentrum stellen – zum Beispiel auf Blockchain-Basis.*

### FINNEY – DAS SICHERSTE SMARTPHONE DER WELT

Ende 2018 brachte das Unternehmen Sirin Labs mit Sitz in Schaffhausen (Schweiz), London und Tel Aviv das erste Blockchain-Smartphone auf den Markt: Finney bietet für 999 Dollar eine integrierte Cold Storage Wallet – die Möglichkeit, ersparte Kryptowährungen offline zu sichern –, sowie eine verschlüsselte P2P-Ressourcenteilung und einen einzigartigen Safe Screen für sichere Krypto-Transaktionen. Die Vision von Sirin Labs ist es, die Lücke zwischen dem Massenmarkt und der Blockchain-Ökonomie zu schließen, indem es die zwei größten Hürden für den Einstieg in den Krypto-Markt überwindet: Sicherheit und User Experience.

Finney funktioniert mit dem Betriebssystem SirinOS, einer ultrasicheren, von Google zertifizierten Android-Modifikation. So soll sich das Blockchain-Smartphone unkompliziert in den Alltag integrieren lassen. Nicht die Technologie steht also im Mittelpunkt, sondern der Mensch. Und selbst wenn Finney das Handeln und Bezahlen mit Cryptocurrencies nicht gleich massentauglich machen wird: Als Pionier könnte es eine neue Smartphone-Evolution vorantreiben, bei der Sicherheit und Datenhoheit im Zentrum stehen.

sirinlabs.com

### BLOCKSTACK – DAS DEZENTRALE INTERNET

Ryan Shea und Muneeb Ali, die New Yorker Gründer der Plattform Blockstack, haben Großes vor: Sie wollen das Internet der Zukunft schaffen – ein dezentralisiertes Internet, das die Nutzer von Datenkraken wie Facebook, Google, Amazon und Co. befreit und die Privatsphäre im Web wieder ernst nimmt. Die Basis für das ambitionierte Projekt liefert die Blockchain-Technologie. So soll die komplette Plattform auf Blockchains aufgebaut werden, und auch der Zahlungsverkehr wird ausschließlich in Form von Kryptowährungen, vor allem Ethereum, durchgeführt.

Oberstes Leitprinzip von Blockstack ist die Sicherheit der Kundendaten. Das alternative, dezentrale Internet will dem Nutzer die alleinige Kontrolle über seine Daten geben – jeder entscheidet selbst, ob seine Daten lokal oder in einer Cloud seiner Wahl gespeichert sind, kann sie jederzeit wieder löschen und behält so die Kontrolle. Mittlerweile sollen mehr als 14.000 Entwickler an der Open-Source-Plattform arbeiten, die das Internet revolutionieren will.

blockstack.org

### SLOCK.IT – SICHERHEIT FÜR DIE SHARING ECONOMY

Das Internet der Dinge hat ein Problem: Es gilt nicht gerade als besonders sicher. Je mehr Objekte miteinander kommunizieren können und je mehr Schnittstellen es gibt, desto höher ist auch die Anfälligkeit für Hackerangriffe und Datenklau. Dem setzen die Gründer Christoph und Simon Jentzsch

1 Finney

mit Slock.it eine blockchainbasierte Lösung entgegen: Das Start-up aus dem sächsischen Mittweida strebt die ultimative Infrastruktur für die Sharing Economy im Internet der Dinge an.

Nach dem Motto „Rent, sell or share anything" soll jeder Nutzer einen personalisierten digitalen Zugang zu seinem Auto, Rasenmäher oder Büroraum erhalten – anonym, sicher und transparent. Vertragsabschluss und Überweisung erfolgen automatisch und unkompliziert, ohne Anmeldung und Bewertungssysteme. Indem Slock.it Anbieter und Nutzer auf direktem Weg und ohne zusätzliche Vermittler oder Plattformen zusammenbringt, könnte der Service ein ernstzunehmender Konkurrent für kommerzielle Sharing-Plattformen wie Airbnb und Uber werden.

slock.it

### ARTIS – LIVESTREAMING FÜR GELD

Die ARTIS-Blockchain des Grazer Start-up lab10 dient als Grundlage für dezentrale Anwendungen, indem sie ein Open-Source-Ökosystem bietet. Sie weist viele Gemeinsamkeiten mit der Ethereum-Blockchain auf und erweitert damit den Anwendungsbereich für neue Geschäftsmodelle. Zudem ist ARTIS eine der ersten Blockchains, die das Plasma-Design-System nutzt, um sich mit Ethereum zu verbinden. Dieses System löst drei Probleme der Blockchain-Technologie: Skalierbarkeit, Energieverbrauch und eine faire Verteilung der Coins. Mit dem Konzept der „Streems", eine Art Livestreaming für Geld, ist das Geld solange im Fluss, wie ein Service genutzt wird. Streems könnten z.B. beim Parken zu Einsatz kommen, indem das Fahrzeug automatisch Geld sendet, solange es sich auf dem Parkplatz befindet. Vor allem für die Sharing Economy kann diese Technologie das Bezahlen für die Inanspruchnahme von Services vereinfachen. Das lab10-Kollektiv ist als Genossenschaft organisiert und hat aktuell 38 Mitglieder mit einer gemeinsamen Vision: „Wir wollen den Übergang zu einer freien, fairen und gebildeten Gesellschaft unterstützen."

artis.eco, lab10.coop

## Identity Manager

*In einem hochvernetzten Alltag brauchen wir Services, die uns helfen, den Überblick über unsere digitalen Identitäten zu behalten – und die uns in Krisensituationen unterstützen.*

### VERIMI UND NETID – EINE IDENTITÄT FÜR ALLES

2018 entstand ein regelrechtes Wettrennen um die Vorreiterschaft von One-Login-Fits-All-Anwendungen. Während sich Nettoken (siehe S. 68) ausschließlich an Endnutzer richtet, definiert sich Verimi als Identitätsplattform sowohl für Konsumenten als auch für Unternehmen und Behörden. Endnutzer können sich bei Verimi mit einem zentralen Log-in plattformübergreifend einloggen (Single Sign-on) und ihre digitalen Identitäten einfach und sicher an einem Ort verwalten. Unternehmen können darauf vertrauen, dass die bei Verimi hinterlegten Daten verifiziert, aktuell und sicher sind – und dass ihre Nutzung der DSGVO entspricht. Für Behörden ermöglicht Verimi eine digitale Erledigung von Abläufen: So können personenbezogene Daten unterschiedlicher Dokumente, etwa Ausweis oder Führerschein, hinterlegt werden, um die Identität von Personen in die Online-Welt zu übertragen.

Einen ähnlichen Ansatz verfolgt die European netID Foundation mit ihrem offenen Login-Standard netID. Hinter dem Anbieter stecken die Mediengruppe RTL, ProSiebenSat.1 sowie United Internet. netID ist ebenfalls ein Single Sign-on und eine weitere europäische Alternative zu US-amerikanischen Anbietern.

Welches Angebot am Ende das Rennen macht, ist noch unklar. Fest steht aber: Kein Internetnutzer will unzählige Accounts managen. Datentresore, die situativ und verwendungsbezogen Daten freigeben, sind daher als Services besonders zukunftsweisend.

verimi.de; netid.de

### NETTOKEN – DEN DIGITALEN FUSSABDRUCK REDUZIEREN

Das Londoner Start-up Nettoken hat eine browserbasierte App entwickelt, mit der man alle digitalen Identitäten auf einer einzigen Plattform vereinen und im Auge behalten kann. Dafür durchsucht die Software sämtliche Online-Accounts, bei denen man sich angemeldet hat – also alles, was einen Log-in erfordert –, und macht sie direkt und einfach verwaltbar.

Die drei Gründerinnen Simonetta d'Ottaviano, Charlotte Slingsby und Ela Neagu wollen mit Nettoken einen Beitrag zur Förderung der Datentransparenz leisten und Nutzern die Kontrolle über ihre Daten zurückgeben. Außerdem ist es ihnen wichtig, das Bewusstsein dafür zu schärfen, wie viele persönliche digitale Identitäten man besitzt.

Die Nutzung der Plattform ist in der aktuellen Beta-Version noch gratis, danach kostenpflichtig, dafür werden jedoch vom Anbieter selbst keine Daten gesammelt. Das Versprechen besteht darin, alle Daten zu den digitalen Identitäten einer Person an einem Ort höchst sicher und einfach verwaltbar zu machen. Die Sicherheit wird durch eine AES 256 Encryption gewährleistet – ein Verschlüsselungslevel, das in den USA für staatliche Dokumente mit höchster Geheimhaltungsstufe genutzt wird (siehe auch das **Interview mit der Co-Gründerin Simonetta d'Ottaviano,** S. 72).

nettoken.io

### EXMEDIO – VORSORGE ÜBER DEN TOD HINAUS

Was geschieht mit den zahlreichen digitalen Identitäten nach dem eigenen Ableben? Das Berliner Start-up Exmedio regelt mit seinem Service den digitalen Nachlass. So erfahren die nächsten Verwandten und Freunde sofort, wenn einem etwas zugestoßen ist – und erhalten die Möglichkeit, dem Verstorbenen auch digital die letzte Ehre zu erweisen oder letzte persönliche Botschaften zu übermitteln. Außerdem übernimmt Exmedio das Kündigen von Verträgen, Abos, Mitgliedschaften etc. Kunden können vorab festlegen, was im Falle des Falles mit Online- und Social-Media-Accounts passieren soll.

Technisch erfolgt dies mithilfe einer verschlüsselten Datenübertragung. Die sensibelsten Daten sind oftmals die, die den Nachlass regeln, und viele Schritte werden daher erst nach Vorlage einer Sterbeurkunde eingeleitet. In jedem Fall nimmt Exmedio den Hinterbliebenen eine Menge Arbeit ab – und schafft so auch Raum, um in schwierigen Zeiten näher zusammenzurücken.

exmedio.com

## Seamless Life

*Intuitive Schnittstellen zur vernetzten Welt: Je komplexer sich unser Alltag gestaltet, umso attraktiver werden Produkte, die nahtlose Nutzererlebnisse ermöglichen.*

### TOKEN RING – EIN RING FÜR DEN VERNETZTEN ALLTAG

Mit einer einfachen Handbewegung den Laptop oder das Auto entsperren, die Haustür abschließen oder an der Kasse bezahlen? Der Token Ring, der mit nur 0,9 Zentimetern Breite kaum von einem herkömmlichen Schmuckstück zu unterscheiden ist, erfüllt insgesamt sechs Alltagsfunktionen, die ansonsten einen Schlüssel oder eine Karte benötigen würden: Haustürschlüssel, Autoschlüssel, Zugangsberechtigung, Kreditkartenzahlung, Reisetickets, Computerzugang.

In dem Ring sind eine Bluetooth- und eine NFC-Funktion verbaut. Um zu bezahlen, fährt man einfach mit der Hand über das Lesegerät. Sind Bluetooth-Informationen gefragt, reicht es, zweimal auf den Ring zu tippen. Ein integrierter Fingerabdrucksensor stellt sicher, dass tatsächlich nur die Person, die auf den jeweiligen Token angemeldet ist, ihn auch nutzen kann. Bei erstmaligem Anziehen des Rings wird die Hautstruktur erkannt – und jedes Mal, wenn der Ring bewegt wird, erneut gescannt.

tokenring.com

1

2

## KEVIN – DAS SMART HOME ALLEIN ZU HAUS

2017 wurden in Deutschland 116.000 Wohnungseinbrüche mit anschließendem Diebstahl von der Polizei erfasst (vgl. Statista 2018). Bisherige Einbruchschutz-Modelle vertrauen vor allem auf Kameras – die Einbrecher jedoch sehr viel weniger abschrecken als ein möglicher direkter Kontakt mit den Bewohnern. Hier kommt Kevin zum Einsatz: Ist er allein zu Haus, täuscht er (wie im Film) die Anwesenheit der Bewohner eindrucksvoll vor – mit einem Wechselspiel aus Licht, Schatten und Geräuschen. Die 20 mal 10 Zentimeter große Box des Schweizer Start-ups mitipi benötigt lediglich Strom und ein Smartphone, um ihre Wirkungskraft zu entfalten. Durch eingebaute Sensoren erkennt Kevin, ob sich jemand im Raum befindet, und über die GPS-Daten eines verbundenen Smartphones kann er sich auch selbstständig einschalten. Abgestimmt auf den Alltag der jeweiligen Bewohner simuliert Kevin alltägliche Tätigkeiten wie abwaschen, mit dem Hund spielen, Klavier üben – oder einen Streit. Der virtuelle Mitbewohner, der den Heimsicherheitsmarkt revolutionieren könnte, ist ab Frühjahr 2019 erhältlich.

mitipi.com

3

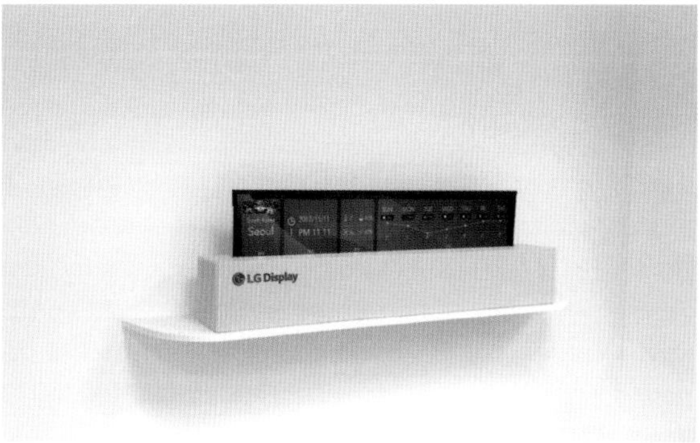

4

## LG ROLLABLE FLAT TV – DER SCREEN, DER SICH ANPASST

Ein Bildschirm, den man einrollen, transportieren oder verschwinden lassen kann, je nachdem, was gerade Sinn macht: Das ist die Vision des Rollable Flat TV von LG. Der 65-Zoll-OLED-Bildschirm verfügt über eine 4K-Auflösung und besteht auf der Rückseite aus schmalen Streifen, die sich rollladenähnlich einfahren lassen. Das Format lässt sich beliebig verändern. Die Basis dafür liefert die OLED-Technologie: Dünne Glas- oder Kunststoffbausteine, die mit mikroskopisch kleinen organischen LEDs beschichtet werden, ermöglichen die Konstruktion von Displays, die nur einen Millimeter dünn sind.

Ebenfalls technisch innovativ sind die Crystal-Sound-Tech-Lautsprecher, die sich direkt in den Screen einbauen lassen. Momentan befindet sich das Produkt noch in der Entwicklungsphase, in rund zwei Jahren soll es marktreif sein.

lg.com/de/lg-magazine/tech-story/lg-rollable-tv-ces-2019

1 Token Ring
2 Kevin
3, 4 LG Rollable Flat TV

# Blockchain-Business: Transparente Geschäftsmodelle

**EXKURS**

Die Blockchain besteht aus zwei Komponenten: zum einen aus Datenblöcken, die sämtliche Transaktionen und die Kontostände der Nutzer abbilden (das ist die eigentliche Blockchain), zum anderen aus einem dezentralen Peer-to-Peer-Netzwerk von Rechnern, das diese Datenblöcke generiert und kontrolliert. Jedes Mitglied dieses Netzwerks kann die Blockchain einsehen, mit allen protokollierten Transaktionen. Aber wie sehen echte Geschäftsmodelle auf Basis der Blockchain aus, und welche konkreten Anwendungsfelder gibt es?

## REVOLUTION IM STROM

Die bisher erfolgreichste Kryptowährung Bitcoin hat ein Riesenproblem: ihren Energieverbrauch. Aktuell beträgt er mehr als 46 Terawattstunden pro Jahr, etwa 0,21 Prozent des weltweiten Verbrauchs. Die Kryptowährung Chia, die im Laufe des Jahres 2019 auf den Markt kommen soll, verspricht deutlich stromsparender zu sein: Sie basiert nicht auf Rechenleistung, sondern auf Speicherkapazität (chia.net).

Kryptowährungen wie **EnergyCoin** und **SolarCoin** dagegen verbinden die Generierung digitaler Tokens mit der Gewinnung erneuerbarer Energien. Statt die Nutzung von Strom zu reduzieren, setzen sie einen Anreiz, sich an der Produktion von grünem Strom zu beteiligen und tragen so zur Entstehung eines dezentralen Energiesystems bei. Und **LO3energy** bringt lokale Produzenten von grünem Strom ohne Umwege mit den Konsumenten zusammen – schnell, sicher und transparent (energycoin.eu, solarcoin.org, lo3energy.com).

Darüber hinaus verspricht das Peer-to-Peer-Prinzip auch eine höhere Resilienz als das herkömmliche Stromnetz. Erste Experimente mit Microgrids – kleinen unabhängigen Netzen aus dezentralen Stromquellen und -verbrauchern sowie einem intelligenten Steuerungssystem – finden bereits statt, unter anderem in New York, im kenianischen Kisii County und im Allgäu.

Neben den Potenzialen im Energiegeschäft eröffnet die Blockchain-Technologie noch ganz andere Möglichkeiten: **Neufund** beispielsweise will das Fundraising von Start-ups revolutionieren. Statt bei Investoren Klinken zu putzen, endlose Pitch-Marathons und Crowdfunding-Schleifen zu absolvieren, nutzen einige Start-ups bereits erfolgreich ICOs (Initial Coin Offerings, eine Art Crowdfunding, die von Firmen verwendet werden, deren Geschäftsmodell auf Kryptowährungen basiert), um innerhalb kürzester Zeit finanzielle Mittel zu generieren. Bislang wurden solche ICOs nur von Krypto-Start-ups genutzt – Neufund will dieses System nun auch für andere Unternehmer öffnen, indem Unternehmensanteile mit Blockchain-Tokens verknüpft werden (neufund.org).

## MIT BLOCKCHAIN DIE WELT VERBESSERN

Die Blockchain anonymisiert ihre Nutzer und ermöglicht zugleich ein hohes Maß an Transparenz. Diese Kombination kann insbesondere in Industriezweigen, in denen bedenkliche ökologische und soziale Bedingungen herrschen, für positive Impulse sorgen. So versucht **Everledger** den Handel mit Blutdiamanten aus Krisengebieten zu reduzieren – über eine für alle einsehbare Datenbank auf Basis der

**Die Blockchain ermöglicht auch den Transfer von Dokumenten ohne Beteiligung von Banken, Notaren oder staatlichen Institutionen. So können Betrug und Korruption radikal reduziert werden.**

Blockchain, die den individuellen Weg eines Diamanten offenlegt, von der Mine bis ins Geschäft. Hierfür werden Daten von Versicherungsgesellschaften, Polizeiabteilungen und Zertifizierungshäusern kombiniert (everledger.io).

Das System könnte auch auf andere Bereiche wie alltägliche Konsumgüter ausgeweitet werden. So hilft **Provenance** Fabrikanten, Einzelhändlern und Konsumenten, die Herkunft von Fisch oder Kokosnüssen mittels der Blockchain zu kontrollieren. Das kommt nicht nur der Transparenz von Produktionsprozessen zugute, sondern auch der Einhaltung von Umwelt- und Sozialstandards (provenance.org).

Die Blockchain ermöglicht auch den Transfer von Dokumenten oder die Abgabe einer Stimme ohne Beteiligung von Banken, Notaren oder staatlichen Institutionen. So können Betrug und Korruption, aber auch die Kosten und Aufwände einer papierintensiven Bürokratie radikal reduziert werden. Heiß diskutiert werden aktuell die Vorteile einer Integration der Blockchain in das Wahlsystem: kein Wahlbetrug, maximale Flexibilität der Wähler sowie individuelle Überprüfbarkeit der Auswertung könnten das Vertrauen der Bürger in die Demokratie stärken.

Plattformen wie **FollowMyVote** versprechen in diesem Sinne größtmögliche Transparenz und Sicherheit in digitalen Abstimmungen. Auch basisdemokratische Konzepte lassen sich mit der Blockchain ohne große Organisations- und Verwaltungsstrukturen umsetzen. Das Projekt **Bitnation** stellt sogar das gesamte Staatssystem in Frage: Ziel ist ein transnationaler digitaler Staat, in dem die absolute Gleichheit aller Citizens gilt (followmyvote.com, bitnation.co).

# „Das sind Krümel unserer Identität, die im Internet verstreut sind."

**EXPERTE**

**Sich sicher im Netz zu bewegen und den Überblick über die digitalen Identitäten zu bewahren, erscheint vielen als Mammutaufgabe. Simonetta d'Ottaviano, CEO von Nettoken, über eine einfache und zugleich sichere Lösung.**

**Simonetta d'Ottaviano** ist CEO des Unternehmens Nettoken, das sie 2015 gemeinsam mit Charlotte Slingsby und Ela Neagu gründete. Das Start-up bietet ein Control Panel, mit dem sich Internetnutzer die Kontrolle über ihre digitalen Identitäten zurückholen können. Seit Ende 2018 wird Nettoken durch das Accelerator-Programm des britischen National Cyber Security Centre und des Open Innovation Hub Wayra gefördert. nettoken.io

**Wie kamen Sie auf die Idee, Nettoken zu gründen? Was ist die Geschichte hinter Ihrem Unternehmen?**
Nettoken begann als Teamprojekt, während ich einen Doppelmaster in Innovation Design Engineering am Imperial College London und am Royal College of Art absolvierte. Hier traf ich meine Co-Gründerinnen. Wir haben uns nicht nur Gedanken darüber gemacht, wie frustrierend es ist, mit so vielen Passwörtern umzugehen, sondern vor allem auch, wie wenig Kontrolle wir über unsere Daten haben. Wir verbringen die meiste Zeit am Tag damit, im Internet zu surfen und neue Dienste aus den verschiedensten Gründen zu abonnieren, aber wir haben keinen klaren Überblick über unsere digitale Präsenz mehr. Was haben wir im Laufe der Jahre unterschrieben? Wer hat Zugang zu unseren Daten? Wurden wir gehackt? Wie können wir lernen, dieses ganze Chaos zu verstehen?

Daraus entstand die Idee, ein Control Panel für digitale Identitäten zu entwickeln. Unsere individuellen Hintergründe im Team sind sehr unterschiedlich – Transport, Robotics, Medizinprodukte. Trotzdem verfolgen wir ein gemeinsames Ziel: nämlich große Veränderungen voranzutreiben, indem wir benutzerorientierte Lösungen entwickeln. Das bedeutet, dass wir die Komplexität nicht nur aus technischer Sicht angehen, sondern immer das menschliche Verhalten in den Mittelpunkt stellen.

**Welches Anliegen verfolgen Sie mit Nettoken?**
Technologie ist dafür da, um effizienter zu sein und uns zu vernetzen. Aber zugleich sind wir online immer mehr Risiken ausgesetzt. Erst im vergangenen Jahr wurden weltweit 700 Millionen Menschen Opfer von Cyberkriminalität. Jedoch trifft nur ein kleiner Prozentsatz von uns Vorkehrungen. Die meisten Produkte für Cybersicherheit sind nicht für den durchschnittlichen Internetnutzer konzipiert oder berücksichtigen nicht die Komplexität, die mit den multiplen Identitäten unseres persönlichen und beruflichen Leben verbunden ist. Viele Menschen sind so überfordert, dass sie sich nicht mit dem Thema auseinandersetzen wollen. Aber es sollte nicht so kompliziert sein!

Nettoken wendet sich an alle Benutzer mit einer digitalen Präsenz, egal, welches technische Verständnis sie mitbringen. So kann wirklich jeder seinen digitalen Fußabdruck optimal verwalten. Nettoken findet und analysiert die Accounts und organisiert sie automatisch in einem sicheren und einfach zu bedienenden Dashboard mit einer Auflistung aller wichtigen Informationen. Die zentrale Visualisierung

**„Da die Welt immer digitaler wird, ist es unser oberstes Ziel, digitale Barrieren zu beseitigen.“**

hilft den Nutzern, ihre digitale Präsenz zu verwalten und sie wieder in den Griff zu bekommen. Es ist kein Benutzername oder Passwort erforderlich. Alles, was man tun muss, ist, einen QR-Code mit dem Handy zu scannen. Darüber hinaus wird man von Nettoken in Echtzeit darüber informiert, wenn ein Konto möglicherweise angegriffen wurde.

Da die Welt immer digitaler wird, ist es unser oberstes Ziel, digitale Barrieren zu beseitigen. Das heißt, dass wir es den Menschen ermöglichen wollen, die Kontrolle über ihre digitalen Identitäten zurückzugewinnen.

**Viele Menschen wissen gar nicht mehr, wie viele Online-Accounts sie haben. Denken Sie auch über eine Funktion nach, mit der man die Nutzer darüber informiert, dass sie einen bestimmten Account schon lange nicht mehr genutzt haben und ihn gegebenenfalls zu löschen?**

Auf jeden Fall! Jeden Tag registrieren wir uns für neue Accounts, manchmal nur für einen einmaligen Online-Kauf, kaufen ein Konzert- oder Flugticket, bezahlen eine Rechnung oder nutzen eine Streaming-Website, um nur einige zu nennen. Forschungsergebnisse belegen, dass jeder von uns im Durchschnitt, ohne es zu wissen, bei über hundert aktiven Konten angemeldet ist! Das sind alles Krümel unserer Identität, die im Internet verstreut sind. Die Komplexität all dieser multiplen, sich anhäufenden Spuren geht weit über das lästige Erinnern an Passwörter hinaus. Zugleich hat sie aber auch weitere Aspekte zur Folge: Einerseits wollen wir einen klaren Überblick über unsere Konten haben und die Möglichkeit schnell „aufzuräumen“, ohne überfordert zu sein. Wir wollen uns von dem befreien, was wir nicht mehr brauchen und um eine unnötige Exposition zu reduzieren. Andererseits wollen wir uns an ein Abonnement erinnern, das wir gerne nutzen (und vielleicht sogar Geld dafür bezahlen).

**Wie garantieren Sie, dass Nettoken sicher ist?**

Von Anfang an waren wir entschlossen, Sicherheit mit Komfort zu verbinden und zu garantieren, dass nie das eine für das andere geopfert wird. Wir legen großen Wert auf die Privatsphäre unserer Nutzer und wollen, dass sie in die Architektur unseres Produkts integriert ist. Betrachtet man unsere Softwarearchitektur, so können wir als Unternehmen nur die Telefonnummer unserer Nutzer sehen, um die mobile App mit ihrem Nettoken zu kombinieren. Ansonsten haben wir keine Einsicht in ihre Informationen, da alles verschlüsselt ist.

**Was sind die nächsten Schritte für Nettoken, an denen Sie arbeiten?**

Wir haben eine Reihe von Features, an denen wir gerade arbeiten. Ich kann nicht zu viel verraten, aber eines hat mit einer Art „Betrugsdetektor“ zu tun. Es ist etwas, um sicherzustellen, dass unsere sensiblen Informationen nicht in die falschen Hände geraten.

Als Einzelperson fangen wir normalerweise erst an, uns Sorgen zu machen, wenn etwas Schlimmes passiert. Der von uns entwickelte Dienst soll dieses Verhalten umkehren und die Prävention der Cyberkriminalität in unsere tägliche Internetaktivität einbetten, ohne sie zu unterbrechen. Die von uns angebotene Lösung ist für jeden relevant, der eine digitale Präsenz besitzt, und wenn sie unseren Ambitionen entspricht, hat sie das Potenzial, eine globale Wirkung zu erzielen.

# THESE 5

**KRISEN-INNOVATIONEN**

# Krisen und Katastrophen sind heute präsenter denn je, ihr Impact wird immer unberechenbarer und potenziell globaler. Ausgefeilte Krisentechnologien gewinnen daher zunehmend an Relevanz – denn oft bergen diese auch große Innovationspotenziale.

# Krisen-Innovationen

**Krisen und Katastrophen sind heute präsenter denn je, ihr Impact wird immer unberechenbarer und potenziell globaler. Ausgefeilte Krisentechnologien gewinnen daher zunehmend an Relevanz – denn oft bergen diese auch große Innovationspotenziale.**

Das Jahr 2018 war aus klimatischer Sicht aufrüttelnd – kein Wunder, dass „Heißzeit" zum Wort des Jahres gekürt wurde: Temperaturen von fast 40 Grad, Waldbrände und verdorrte Felder schärften nicht nur in Deutschland und Europa das Bewusstsein für die Auswirkungen des Klimawandels. Der Klimawandel ist jedoch nur eine Krise von vielen, die unsere Gesellschaft in einen Zustand des Daueralarms versetzen: Kriege, Flüchtlingsströme, Naturkatastrophen, Hungersnöte – fast täglich erreichen uns Meldungen über extreme Ereignisse, die viele Menschen in Angst und Schrecken versetzen.

Auch wenn wir heute faktisch in der sichersten aller Zeiten leben: **Katastrophen sind nicht mehr nur als singuläre Phänomene von Interesse, sondern werden als chronisches Symptom unserer Zeit interpretiert** – auch deshalb sprechen wir vom Megatrend Sicherheit (vgl. Zukunftsinstitut 2018). In diesem Kontext werden Krisen-Innovationen immer bedeutsamer.

## NEW RESPONSIBILITY

Die Abschätzung von Risiken, Krisenmanagement und -prävention zählen im 21. Jahrhundert zu den zentralen Aufgaben von Politik und Zivilgesellschaft. Zugleich verschiebt sich diese Verantwortung zunehmend weg von politischen Institutionen, hin zum Individuum und zu den Unternehmen. Denn in einer globalisierten Wirtschaft mit immer komplexer werdenden Verbindungen sind wirtschaftliche Akteure oft hauptverantwortlich für globale Krisen – und für deren Bewältigung.

Insgesamt ist die Verantwortung für den Umgang mit Krisen heute so globalisiert wie nie zuvor. Viele Länder, die auf humanitäre Hilfe angewiesen sind, werden zunehmend mit verschiedenen Arten von Katastrophen konfrontiert, die sich gegenseitig beeinflussen und verstärken. Und auch lokale Krisen haben immer komplexere und weitreichendere Folgen für andere Teile der Erde – etwa die US-Immobilienkrise, die 2008 die internationale Finanzkrise auslöste; die Reaktorkatastrophe von Fukushima, die ebenfalls globale Auswirkungen hatte (und letztlich sogar zum Atomausstieg Deutschlands führte); oder Krieg und politische Verfolgung in Syrien, die noch immer zu Zuwanderungsströmen in Europa, Nordamerika und Ozeanien führen.

Insbesondere unsichtbare Gefahren mit potenziell globalem Impact können heute nicht mehr auf der Ebene von Nationalstaaten gemanagt werden. In einer Welt, die mehr denn je in dynamischer Bewegung ist, macht kein Virus vor Landesgrenzen halt. Digitale Inhalte und Informationen verbreiten sich in Millisekunden um den Globus; Migrationsströme sind komplexer und dichter als je zuvor; sensible Infrastrukturen wie Finanz- und Währungsmärkte sind unwiederbringlich global vernetzt. Es liegt auch im Interesse der globalen Weltgemeinschaft, auf Krisen bestmöglich vorbereitet zu sein, und auf eine Grundversorgung und Aufrechterhaltung der wichtigsten Infrastrukturen zurückgreifen zu können, um Krisen nicht eskalieren zu lassen.

Generell steigt somit in der Gesellschaft des 21. Jahrhunderts das Bedürfnis nach Sicherheit – es ist heute höher als je zuvor in der Menschheitsgeschichte. Die Verantwortungsverschiebung hin zu Individuen und Unternehmen lässt Sicherheit zu einem rasant wachsenden Zukunftsmarkt werden. Dabei können Risiken auch neu verstanden werden: als Chance, etwas besser zu machen (vgl. Zukunftsinstitut 2018).

## BE PREPARED!

Ein fundamentaler Treiber des Megatrends Sicherheit ist der Wunsch nach Prävention. Allerdings **ist Sicherheit kein Zustand, der erreicht werden kann, sondern ein dynamischer, permanenter Prozess.** Sicherheit ist ein menschliches Grundbedürfnis – doch absolute Sicherheit wird es niemals geben. Wir müssen also lernen, mit Krisen umzugehen. Krisentechnologien helfen uns dabei, bestmöglich darauf vorbereitet zu sein.

Für die Entstehung einer Katastrophe ist also nicht allein entscheidend, wie hart etwa eine Naturgewalt auf eine Gesellschaft trifft, sondern auch, ob die Gesellschaft in der Lage ist, angemessen zu reagieren. Krisen, insbesondere Naturereignisse, lassen sich kaum vermeiden – wohl aber können die Folgen durch sinnvolle Maßnahmen gemindert werden. Auch der Impact von menschengemachten Katastrophen kann durch die richtigen Innovationen verringert werden. Zu solchen Erfindungen zählen auch **Basic Needs Technologies** (siehe S. 81), die in Krisengebieten helfen, der Bevölkerung ein Stück Normalität, Schutz und Würde zurückzugeben.

„Wer vorbereitet ist, wer im Falle eines extremen Naturereignisses weiß, was zu tun ist, hat höhere Überlebenschancen", heißt es im WeltRisikoBericht 2018: „Länder, die Naturgefahren kommen sehen, die sich auf die Folgen des Klimawandels vorbereiten und die die erforderlichen Finanzmittel bereitstellen, sind für die Zukunft besser gerüstet." Vorbereitung ist bei allen Extremsituationen entscheidend – oft genug über Leben und Tod. Innovationen, die für akute Krisen konzipiert sind, müssen sich unter extremen Bedingungen bewähren (siehe **„Handling the Extreme"**, S. 78). Daraus entstehende Technologien erfüllen meist höchste Standards, denn sie sind gemacht, um im Ernstfall Leben zu retten. **Krisen sind daher die härtesten Test-Labore unserer Zeit.**

# Best Practice

1

## Handling the Extreme

*Technik schafft Sicherheit – wenn sie im Dienste des Menschen steht: In Extremsituationen können technische Innovationen über Leben und Tod entscheiden.*

### PROJECT OWL – NOTFALL-INTERNET PER BOJE

Extreme Wetterereignisse führen laut dem Global Risks Report 2018 die Rangliste der größten Risiken für Wohlstand und Frieden auf der Welt an. So werden Hurrikans und tropische Wirbelstürme immer langsamer – und zerstörerischer: Weil sie länger über einem Ort stehen, verursachen sie stärkere Regen- und Sturmschäden. Nach solchen Katastrophen sind Mobilfunk-, Festnetz- und Internetverbindungen oft durch Infrastrukturschäden und Stromausfälle unterbrochen.

Hier setzt Project Owl an: In Krisensituationen, etwa nach schweren Überschwemmungen oder Hurrikans, will das Start-up den Aufbau eines schnellen Kommunikations-Netzwerks ermöglichen – durch ein System vernetzter schwimmender Bojen. Die sogenannten Clusterducks können gemeinsam ein Internet-Netzwerk errichten und so in Katastrophengebieten eine grundlegende Kommunikationsunterstützung gewährleisten.

Entstanden ist Project Owl im Rahmen des von IBM initiierten internationalen Hackathon-Events Call for Code: Entwickler Bryan Knouse und sein Team erhielten den Hauptpreis von 200.000 Dollar – und die Zusage von IBM, das Konzept zur Umsetzung zu bringen (siehe auch das **Interview mit Bryan Knouse** auf S. 88).

project-owl.com

### DOK-ING – DER MINEN-ROBOTER

Werden Landminen im Krieg eingegraben, sollen sie möglichst unsichtbar sein – und das bleiben sie fatalerweise auch nach

1 Project Owl
2 DOK-ING

2

Kriegsende. Die Opfer sind daher meist Zivilisten, vor allem Kinder. Über viele Jahre verhindern Landminen zudem Wiederaufbau, wirtschaftliche Entwicklung und die Rückkehr von Geflüchteten in ihre Heimat. Allein 2017 wurden rund 2.800 Menschen durch die heimtückischen Sprengkörper getötet und mehr als 4.400 verletzt (vgl. Landminen Monitor 2018).

Diesen Missstand geht das kroatische Unternehmen DOK-ING an. Gründer Vjekoslav Majetić sah im Nachkriegs-Kroatien Mitte der 1990er-Jahre viele Menschen durch Landminen sterben, ein Gebiet von 13.000 Quadratkilometern wurde damals zur Todeszone. Daraufhin entwickelte Majetić einen ferngesteuerten Roboter, der Minen kontrolliert zerstört, während er sich über verschiedene Arten von Gelände bewegt. Heute exportiert DOK-ING in 30 Länder und hat bereits 44 Millionen Quadratmeter Minenfeld entschärft. Die neueste Entwicklung des Unternehmens ist der ferngesteuerte Löschroboter MVF-5: Auch er schützt den Menschen – indem er nach Explosionen, Waldbränden oder Chemieunfällen als Erster die Unfallstelle sichert.

dok-ing.hr

## ELIOS – FLIEGENDER LEBENSRETTER

Klein, wendig, sicher und quasi unkaputtbar – ELIOS, die Drohne des Schweizer Start-ups Flyability, eignet sich perfekt für Katastropheneinsätze. Das Fluggerät wurde speziell für die Inspektion und Erforschung unzugänglicher Orte entwickelt. Es verfügt über einen Rahmen aus Kohlefaserstruktur und ist somit kollisionstolerant bis zu 15 Stunden-

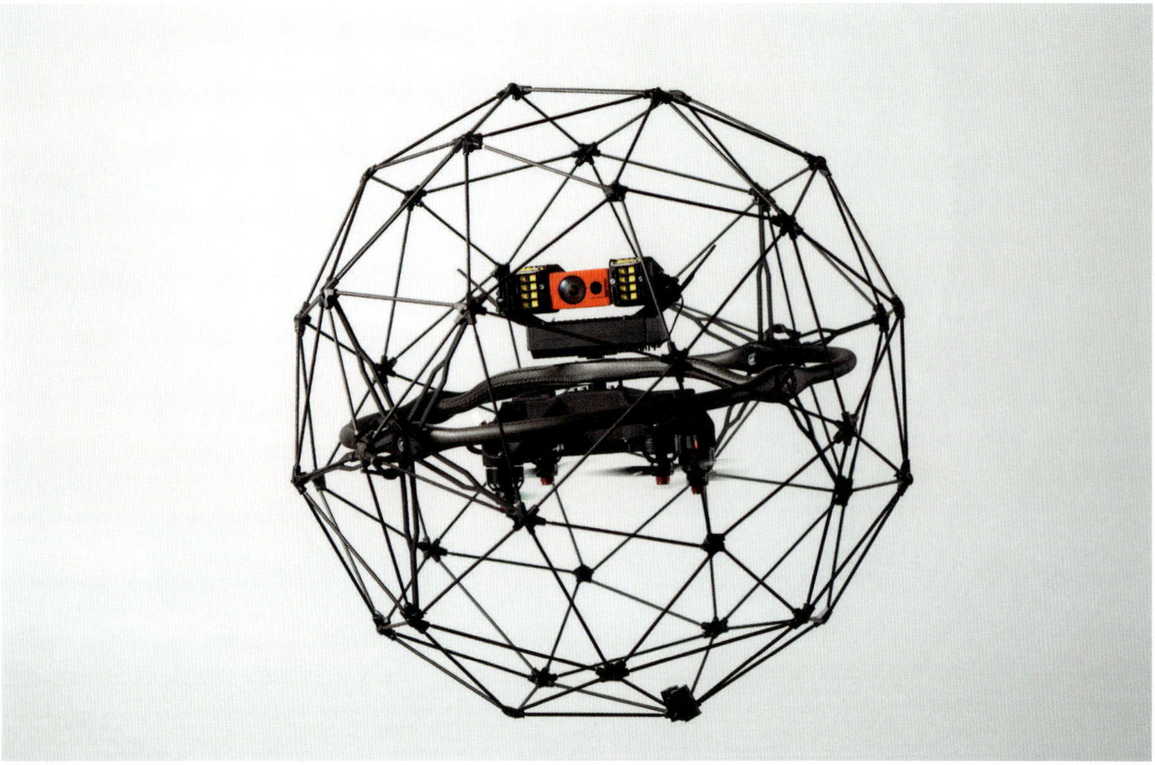

1

kilometer. Durch Kontrollalgorithmen lernt die Drohne zudem aus Kollisionen. Und im Gegensatz zu Standarddrohnen ist ELIOS ungefährlich: Ein Gitterkäfig, der wie ein Ball um die Drohne geformt ist, schützt Mensch und Tier vor den Rotorblättern.

Mit ELIOS ist es erstmals möglich, durch komplexe und enge Räume zu fliegen. So kann das Potenzial unbemannter Fluggeräte in zahlreichen Anwendungsbereichen genutzt werden, in denen ihr Einsatz bisher zu gefährlich oder schlicht unmöglich war – etwa bei der schnellen Inspektion von unsicherem Terrain, bei Wartungsarbeiten oder bei der Suche nach Verletzten in schwer beschädigten Gebäuden. Im industriellen Kontext kann der Einsatz von ELIOS helfen, Risiken, Kosten und infrastrukturelle Ausfallzeiten zu reduzieren.

flyability.com

## MOF WASSERKOLLEKTOR – WASSER AUS DER LUFT

Hoffnung für Regionen mit großer Wasserknappheit: Forscher der University of California in Berkeley haben ein Verfahren entwickelt, mit dem selbst in den trockensten Umgebungen Wasser aus der Luft gewonnen werden kann – ganz ohne Stromverbrauch. Möglich macht das ein spezieller Wasserkollektor, dessen zentrales Element ein Material aus der Stoffklasse der Metal Organic Frameworks (MOF) ist: Ein würfelzuckergroßes Stück dieses hochporösen, kristallinen Stoffes kann die Oberfläche von bis zu sechs Fußballfeldern haben und Wasserdampf damit sehr effektiv absorbieren. Wie ein Schwamm saugt es Wasser aus der Umgebungsluft auf und speichert es in seinen nanometer-

1 Elios
2, 3 MOF
4 More than Shelters

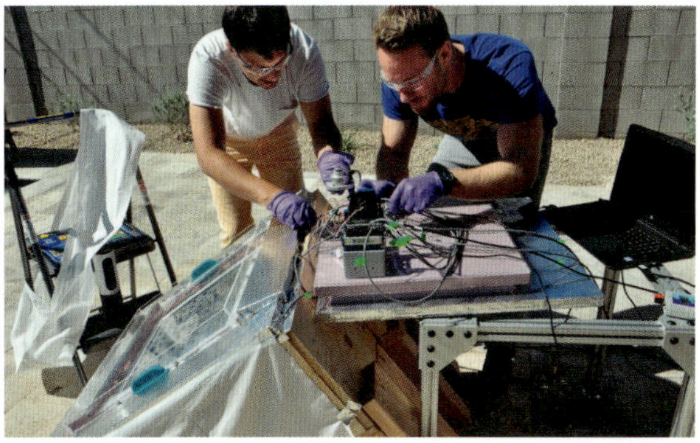
2

3

4

## Basic Needs Technologies

*Moderne Technologien helfen in Krisengebieten, der Bevölkerung ein Stück Normalität, Schutz und Würde zurückzugeben – und bilden die Grundlage für den (Wieder-)Aufbau einer besseren Zukunft.*

kleinen Poren. Um die Flüssigkeit wieder freizusetzen, genügt die Wärme des Sonnenlichts: Das Wasser verdunstet aus den Nanoporen, kondensiert an den Kühlrippen des Kollektors und rinnt von dort in einen Behälter.

Dieser Zyklus aus Wasserdampfabsorption und Wasserabgabe funktioniert bei Raumtemperatur und allein durch die Temperaturunterschiede des Tag-Nacht-Wechsels. Labortests haben gezeigt: Mit nur einem Kilogramm MOF lassen sich während eines Tages schon bei nur 20 Prozent Luftfeuchtigkeit 2,8 Liter Wasser gewinnen (vgl. Rieth et al. 2017). Da das wasserabsorbierende Material immer wieder einsetzbar ist und der Kollektor völlig ohne Strom funktioniert, könnte dies ein vielversprechendes System selbst für entlegenste Wüstengebiete sein.

chemistry.berkeley.edu/mofs-cofs

### MORE THAN SHELTERS – DAS ZELT ALS ZUHAUSE

Angesichts steigender Flüchtlingszahlen sind überall auf der Welt neue Raumkonzepte gefragt – nicht nur in Nepal, Jordanien oder Griechenland, sondern auch bei uns in Deutschland. Das Hamburger Sozialunternehmen More than Shelters entwickelt innovative Architektur- und Designkonzepte für humanitäre Zwecke: flexible Flüchtlingsunterkünfte und bessere Lebensräume für Menschen in Not.

Seit 2012 arbeitet ein interdisziplinäres Experten-Team um Gründer Daniel Kerber daran, langfristig menschenwürdigen Wohn- und Lebensraum für Geflüchtete und Slumbewohner zu schaffen. Die Betroffenen sollen so wieder zu aktiven Mitgestaltern ihrer Zukunft ermächtigt werden.

1

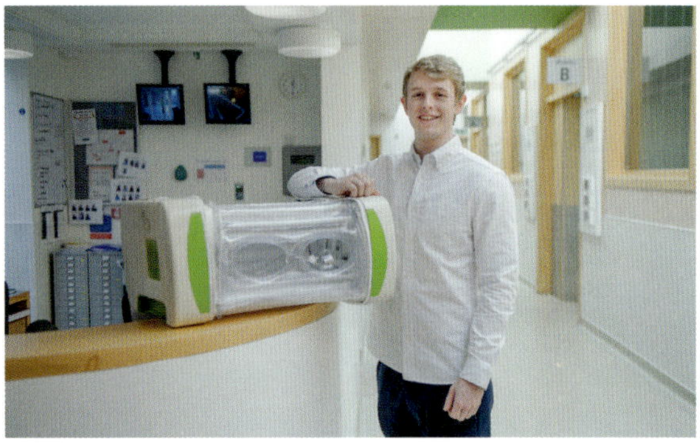

2

Genau darauf zielt das Raum-im-Raum-Konzept aus flexiblen Domo-Modulen ab. Die modularen Zeltsysteme mit Bodenfolie, Tragwerk und wasserdichter Außenhaut lassen sich bei Bedarf schnell an unterschiedliche klimatische Bedingungen und soziokulturelle Bedürfnisse anpassen (siehe dazu auch das **Interview mit Daniel Kerber,** S. 86).

morethanshelters.org

## IRIS SCAN – BEZAHLEN PER BLICKKONTAKT

Im Flüchtlingslager Zaatari im Norden Jordaniens leben knapp 80.000 Syrer, die ihre Heimat wegen des Krieges verlassen mussten. Ein Supermarkt in Zaatari ist einer der ersten weltweit, in dem Kunden nicht mit Bargeld oder Karten bezahlen, sondern mit dem Muster ihrer Iris.

Anfangs hatten die Bewohner des Camps vom Welternährungsprogramm (WFP) Gutscheine erhalten, doch das System erwies sich als anfällig: Manche Geflüchteten legten sich mehrere Identitäten zu, um mehrfach an Hilfsmittel zu kommen, es entstand ein Schwarzmarkt, auf dem die knappen Essensvorräte in umliegenden Städten gegen echtes Geld eingetauscht wurden. Das Zahlen per Iris verhindert diesen Missbrauch – mithilfe einer Blockchain-Technologie, die alle Transaktionen regelmäßig, lückenlos und fälschungssicher speichert. Da sich so zudem Kontoführungsgebühren und Bargeldtransporte erübrigen, spart das WFP allein in Jordanien bis zu 150.000 Dollar im Monat. Und Zaatari ist erst der Anfang: Künftig könnten sich Menschen in Not auf Blockchain-Basis eine virtuelle Identität zulegen, die ihnen unkompliziert weltweit den Zugang zu Hilfe ermöglicht – egal in welchem Land sie gerade sind.

irisguard.com

## MOM – INKUBATOR TO GO

Fast jedes vierte Kind lebt heute in einem Land, das von Katastrophen betroffen ist. Und insbesondere unter Geflüchteten führen Kriegsbelastungen zu einer steigenden Anzahl von Frühgeburten mit anschließenden Todesfällen. Denn Inkubatoren sind meist zu sperrig, um sie an beliebige Orte transportieren zu lassen, und mit rund 35.000 Euro extrem teuer.

Hier setzt MOM an: ein speziell an Flüchtlingslager und Entwicklungsländer angepasster Inkubator, der die gleiche Leistung wie Inkubationssysteme der westlichen Welt er-

1 Iris Scan
2 MOM
3, 4 Zipline

3

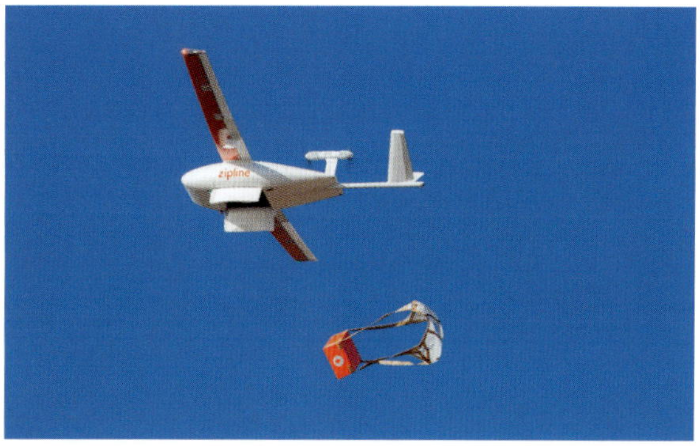

4

bringt und dabei britischen Inkubationsstandards entspricht – aber ganz einfach zusammengeklappt und verstaut werden kann, um unkompliziert in Flüchtlingslager transportiert werden zu können. Die elektronischen Komponenten von MOM sind zuverlässig, stromsparend und brauchen keine Netzstromquelle, sondern können ganz einfach mit lokal verfügbaren Energiesystemen wie etwa Autobatterien betrieben werden. Das Beste daran: Der mobile Inkubator kostet weniger als 300 Euro.

momincubators.com

## ZIPLINE – HIGHSPEED-HILFE AUS DER LUFT

Mangelnde Infrastruktur, unpassierbare Straßen oder zerstörte Landebahnen verhindern heute für mehr als zwei Milliarden Menschen einen ausreichenden Zugang zu lebenswichtigen medizinischen Produkten wie Blutreserven oder Impfstoffen. Dies will Zipline ändern: Das kalifornische Logistik-Start-up, für das unter anderem ehemalige Mitarbeiter von SpaceX, Google, Boeing oder der NASA arbeiten, transportiert Medikamente per Drohne an schwer erreichbare Orte. Schon seit 2016 betreibt Zipline einen Drohnen-Lieferdienst in Ruanda, der abgelegene Krankenhäuser mit Blutkonserven und Medikamenten versorgt. Mindestens 7.000 Konserven wurden seitdem abgeworfen, oft ging es um Leben und Tod. In den ländlichen Gebieten Afrikas übernimmt Zipline mittlerweile rund 20 Prozent aller lebenswichtigen Bluttransporte.

Die Lieferung erfolgt on demand: Klinik-Ärzte schicken eine Kurznachricht an Zipline mit dem gewünschten Produkt, dass dann schnellstmöglich per Drohne geliefert wird – das Päckchen landet mit einem Fallschirm, braucht also keine bestimmte Infrastruktur. Bei Eintreffen der Lieferung erhalten die Klinik-Mitarbeiter eine Benachrichtigung. Die neueste Generation der Zipline-Drohnen erreicht bis zu 128 Kilometer pro Stunde – damit ist sie viermal schneller als ein durchschnittlicher Quadcopter und kann ein 200-mal größeres Gebiet abdecken. Künftig will das Unternehmen bis zu 2.000 Lieferungen pro Tag tätigen.

flyzipline.com

1

2

## MOSAN – DAS WC FÜR EINE BESSERE WELT

Das ganzheitliche Sanitärsystem Mosan zeigt, wie gutes Design Missstände bekämpfen kann. Gründerin Mona Mijthab kam während eines Auslandspraktikums in Bangladesch auf die Idee, als sie erkannte, welche drastischen Auswirkungen das Fehlen hygienischer Toiletten auf die Gesundheit der Menschen hat. Die mobile Toilette Mosan (für „Mobile Sanitation") ist leicht und klein, kommt ohne Strom und Wasser aus und ermöglicht es, Fäkalien hygienisch zu recyceln. Die innovative Produktdesign-Lösung bietet Sicherheit, Hygiene und Privatsphäre – und hilft damit die Lebensbedingungen in dicht besiedelten Armutsvierteln vieler Entwicklungsländer erheblich zu verbessern.

Das Mosan-System besteht aus drei Bauteilen und kommt ohne Hightech-Komponenten aus – denn diese würden den Preis erhöhen und müssten aufwendig gewartet werden. Die Fäkalien werden in zwei herausnehmbaren Behältern getrennt, später werden aus den gesammelten Exkrementen Rohstoffe wie Brennstoff oder Kompostdünger gewonnen: ein nachhaltiger Kreislauf aus Recycling und Wiederverwertung, der ökologische und soziale Probleme nachhaltig angeht – und für menschenwürdige Lebensbedingungen sorgt.

mosan.ch

1, 2 Mosan

# Reverse Innovation: Made far away from home

**EXKURS**

Als Reverse Innovation bezeichnet man Innovationen, die in und für Entwicklungsländer oder Krisengebiete entstehen, bevor sie ihren Weg in die Industrieländer finden. Im Gegensatz zum traditionellen Ansatz werden Produkte oder Dienstleistungen also nicht zuerst für eine Wohlstandsgesellschaft geschaffen und verbreiten sich von dort aus, sondern der Prozess läuft in umgekehrter Reihenfolge ab. International bekannt wurde diese Vorgehensweise zum Beispiel durch den Dartmouth-Professor Vijay Govindarajan, der weltweit als Experte für Strategy Execution und strategische Innovation in der Unternehmensführung bekannt ist.

Reverse Innovations können Unternehmen zum einen dabei helfen, in den Emerging Markets der Entwicklungsländer Fuß zu fassen, zum anderen bieten die Schwellenländer ideale Voraussetzungen für radikal neu gedachte Produktentwicklungen: Denn diese dürfen meist nur einen kleinen Teil dessen kosten, was in Industrienationen dafür verlangt wird, und müssen zudem sehr belastbar sein. Gelingt es, unter diesen erschwerten Bedingungen erfolgreiche Produkte zu entwickeln und zu vermarkten, dann können diese, so die These, auch in vermeintlich gesättigten Märkten oder sogar weltweit Abnehmer finden.

Dass dieses Konzept funktionieren kann, zeigen die Erfolgsgeschichten unterschiedlichster Unternehmen. General Electric beispielsweise entwickelte eigens für Schwellenländer ein Ultraschallgerät, das an einen einfachen Laptop angeschlossen werden kann und dadurch nur knapp ein Zehntel des Preises eines konventionellen Geräts kostet. Diese günstige Version konnte anschließend auch in westlichen Industrienationen gewinnbringend verkauft werden. Ein weiteres Beispiel liefert der Autozulieferer Harman, der mit kleinen Projektteams in Indien und China seine komplexe Infotainment-Software von Grund auf neu geschrieben und dabei stark vereinfacht hat. Durch den neuen modularen Aufbau kann sie jetzt mit geringem Aufwand sowohl in Low-Budget-Wagen als auch in Luxusfahrzeugen implementiert werden.

Auch Procter & Gamble setzt auf Reverse Innovation. Nachdem das Unternehmen herausfand, dass ihre Rasierer bei den Konsumenten in Schwellenländern wie Indien nicht ankamen, sendete es ein Team nach Indien, um ethnographische Recherchen durchzuführen. Diese Bedarfsanalyse ergab, dass ein Mann in Indien sich typischerweise ganz anders rasiert – auf dem Boden sitzend, mit einer Schüssel Wasser und einem Handspiegel. Procter & Gamble nutzte diese Erkenntnisse, um ein neues Rasierwerkzeug zu entwickeln, das diesen spezifischen Bedürfnissen entsprach. Das Ergebnis war der Gillette Guard, eine der bedeutendsten Abweichungen von traditionellen Produktentwicklungen in der Geschichte von Gillette. Er hat nur eine, flexibel drehbare Klinge und ein robustes Kunststoffgehäuse. Nur etwa sechs Monate nach seiner Markteinführung hatte der Guard bereits 50 Prozent des Rasiermessermarktanteils in Indien überschritten. Mittlerweile gibt es den Gillette Guard auch in Europa und den USA, wo er als Urlaubs- und Reiserasierer beliebt ist.

Govindarajan sieht die umgekehrten Innovationen als eine wichtige Neuentwicklung mit starken weltweiten Auswirkungen für Unternehmen und Regierungen. „Reverse Innovation ist ein Trend, der gerade erst begonnen hat", sagt er: „Aber er wird in den nächsten Jahrzehnten zu einer großen Bewegung werden."

# „Manchmal sind es nicht die großen Dinge, die das Leben massiv verändern."

**EXPERTE**

## Welche Form von Gestaltung entsteht an Orten, die extrem unwirtlich sind? Daniel Kerber, Gründer von More than Shelters über die große Bedeutung der Re-Innovation von Flüchtlingscamps.

**Daniel Kerber**
Daniel Kerbers Hauptfokus liegt auf der künstlerischen Forschung und Bearbeitung der informellen Architektur von Slums und Flüchtlingslagern. Anfang 2012 bündelte er alle nötigen Kompetenzen und gründete das Sozialunternehmen More than Shelters, das Design- und Architekturkonzepte für humanitäre Zwecke konzipiert.

**Herr Kerber, Sie beschäftigen sich jetzt seit mehr als 15 Jahren in weitreichender Forschung mit informeller Architektur in Krisenregionen – was hat Sie damals dazu bewogen in Krisengebieten zu arbeiten?**
Am Anfang war es so etwas wie künstlerische Neugier. Ich hatte mich eine Zeit lang mit der Frage beschäftigt, warum die größten Städte oft an den gefährlichsten Plätzen der Welt liegen. Das ist ein bizarres Phänomen, das wir in der Menschheit antreffen. Tokio, der größte Ballungsraum der Welt, liegt z.B. auf einer seismischen Zone, die extrem gefährlich ist. Als ich dann angefangen habe mir diese Orte anzuschauen, habe ich gemerkt – an diesen Orten passiert etwas sehr Interessantes. Die Menschen müssen dort auf völlig veränderte Rahmenbedingungen reagieren, sie müssen neue Dinge ausprobieren und in dem Sinne innovativ sein. Die nächsten Schritte waren dann, dass ich mir sogenannte Zwischenorte angeschaut habe – Orte, an denen neue Dinge noch nicht ganz fertig sind, wo aber die alten Dinge schon nicht mehr funktionieren. In dem Zuge kam ich sehr schnell zu der Erforschung von Slums, Favelas und Flüchtlingslagern, weil diese Orte prototypisch dafür stehen, dass Menschen manchmal sehr schnell etwas Neues entwickeln müssen, meistens an Orten, die sehr unwirtlich sind. Mich hat wahnsinnig fasziniert: Wie geschieht das? Welche Form von Gestaltung entsteht an diesen Orten, die so extrem prekär und auch so extrem menschenfeindlich sind? Was muss dort getan werden?

**Sie kommen aus dem Bereich der bildenden Künste – was für einen Einfluss kann Kunst in Krisengebieten haben?**
Ich glaube die Kreativität, die Innovations- und Gestaltungsfreude, die man in den künstlerischen Berufen lernt und die einem vielleicht auch als Talent mitgegeben wurden, die brauchen wir ganz dringend an diesen Orten. Denn sie werden meist mehr verwaltet, als gestaltet. Das sind Gebiete, in denen große Bürokratien über Menschen entscheiden: Wie sie zu leben haben, wohin sie gehen dürfen, was sie tun dürfen – und was nicht.

**Mit More than Shelters machen Sie Menschen in Krisensituationen zu Beteiligten Ihrer Designarbeit – warum?**
An der Stelle bin ich sehr kategorisch: Ich würde jeden Ansatz, der die Menschen nicht beteiligt, mittlerweile ableh-

nen. Das funktioniert einfach nicht – weder in der traditionellen Gestaltung, noch irgendwo anders. Denn wenn ich meine Kunden oder meine Nutzer nicht kenne, dann habe ich keine Chance ein Produkt oder einen Service zu gestalten, der auch nur irgendwie ankommt. Und warum nimmt man diese Menschen in Notlagen nicht wirklich ernst als Lösungsimpulsgeber, als Motoren von Innovation in diesen Gebieten?

Gelungene Gestaltung, vor allem in Krisengebieten, kann nur durch die Beteiligung von Akteuren vor Ort gelingen, und diese Akteure sind divers. Wir reden einerseits von Menschen, die direkt von Krisen betroffen sind, andererseits aber auch von Anwohnern oder lokalen Verwaltungsangestellten – eigentlich allen Menschen, die mit der jeweiligen Situation zu tun haben. Dabei ist es immens wichtig, dass die Menschen, die sonst keine Stimme haben, genauso beteiligt werden wie jemand mit mehr Macht, z.B. ein hoher Mitarbeiter einer Hilfsorganisation.

**Nachdem Sie 2012 More than shelters gründeten, begannen Sie einige ihrer ersten Projekte im Flüchtlingslager Zaatari – was hat sich seitdem verändert?**
Wir haben eine sehr dynamische Reise hinter uns. Die größten Erfolge waren sicher, dass wir in Zaatari neue, wirklich große Projekte verwirklichen konnten. Projekte, die das Leben der Menschen wirklich verändert haben – zum Beispiel die erste Recyclinganlage in einem Flüchtlingslager, in der Wertschöpfung aus Müll entsteht, oder die rund 300 alleinerziehenden Mütter, die jetzt über ein kleines Social Business ein Einkommen haben. Überhaupt war es ein Erfolg, viele humanitäre Akteure davon überzeugen zu können, die Menschen nicht immer nur als Hilfeempfänger zu sehen, sondern dass es Orte geben muss, an denen sie ihre eigenen Ideen entwickeln können. Daraus haben sich dann Innovation Labs entwickelt. Aus diesen entstanden zum Beispiel Kinos, Jugendgruppen oder Musikprogramme. Manchmal sind es nicht unbedingt die großen Dinge, die das Leben massiv verändern.

Als ich damals in Zaatari anfing, hätte ich selbst nie gedacht, dass dieses Thema einmal eine solche Wendung auch für unser Leben hier in Europa nehmen würde. Das Thema war eigentlich immer weit weg. Dass diese Migrationsbewegungen auch bei uns so starke Wellen schlagen würden, war unvorhersehbar. Für uns ergab sich dadurch ein völlig neues Arbeitsfeld im eigenen Land. Heute arbeiten wir mit großen Wohlfahrtsverbänden zusammen und beraten große Kommunen wie die Städte Stuttgart oder Berlin. Das ist sicher die größte Veränderung der letzten Jahre für mich und mein Team.

Unsere Kernarbeit ist es dabei immer, gemeinsam mit Menschen in Notsituationen zu arbeiten und sie zu ermächtigen direkter Teil der Lösung zu werden. Unsere Methode des partizipativen Designs wenden wir folglich in der Ferne wie auch vor Ort gleichermaßen an – so entsteht Verbesserung. Dabei ist es relativ egal, in welchem Kontext das Ganze stattfindet. Es geht darum, dass den Menschen ihre Würde zurückgegeben wird, egal ob in Zaatari oder in Deutschland.

# „Der Schlüssel liegt in der Technologie.“

**EXPERTE**

## Bryan Knouse, Mitgründer von Project OWL, über technologische Innovationen, die in Katastrophenfällen viele Leben verbessern können – und über die Pflicht, sich für unsere globale Gesellschaft einzusetzen.

**Bryan Knouse**
ist studierter Maschinenbauingenieur und arbeitete für mehrere Technologie-Start-ups, bevor er sich entschloss, Lösungen zu entwickeln, die Menschen in Katastrophengebieten helfen. Während des globalen IBM-Wettbewerbs Call for Code traf er seine Teammitglieder Magus Pereira, Nicholas Feuer, Charlie Evans und Taraqur Rahman – Project OWL war geboren.

**Herr Knouse, wofür steht OWL?**

Wir haben den Namen OWL aus verschiedenen Gründen gewählt. Einerseits ist es ein Akronym für „Organisation, Whereabouts and Logistics“ (deutsch „Organisation, Aufenthaltsort und Logistik“): Bei jeder Katastrophe, egal ob Naturkatastrophe oder etwas anderes, sind diese Faktoren essentiell, um angemessen reagieren zu können. OWL steht also für die lebensnotwendigen Schlüsselelemente einer solchen Extremsituation. Außerdem dachten wir, dass unsere Data-Analytics-Lösung ein wenig an eine Eule (engl. „owl“) erinnert: klare Sicht für alle Menschen, die durch Katastrophen in Dunkelheit und Verwirrung leben.

**Wie genau funktioniert das Ganze?**

Mit der Softwareplattform OWL können Ersthelfer und Zivilisten Katastrophen bewältigen, indem sie Daten hinzufügen und Dinge auf Karten ansehen oder markieren. Die Software ist einfach zu bedienen, da sie wie ein Chatbot funktioniert und man einfach mit ihr sprechen kann. Der nächste Punkt unserer Lösung besteht aus IoT-Geräten, die wir Enten nennen. Mithilfe der Enten können wir über ein großes Gebiet, das offline ist, sehr schnell und kostengünstig Internet verbreiten und so den Menschen wieder ermöglichen, miteinander zu kommunizieren, Daten zu sammeln und die OWL-Plattform zu nutzen, um Ressourcen zu koordinieren. Wir hoffen, dass das Katastrophenmanagement dadurch viel effizienter, schneller und einfacher wird – und so deutlich mehr Leben gerettet werden können.

**Wie entstand die Idee für Project OWL?**

Ich denke, der größte Motivator war der schwere Hurrikan 2017 in Puerto Rico, der die Insel sehr stark verwüstet hat – mit enormen negativen wirtschaftlichen und humanitären Auswirkungen. Alles war zusammengebrochen, der Strom war weg, die Kommunikation war unterbrochen, es gab weder Essen noch Wasser. Keiner von uns ist immun gegen diese Art von Naturkatastrophen. Das Wissen, dass es auch im folgenden Sommer wieder Hurrikans geben wird, ließ uns unsere Initiative vorantreiben.

**Könnte Project OWL neben Naturkatastrophen auch für andere Zwecke nützlich sein?**

Erst kürzlich kontaktierte uns ein Katastrophenschützer, der glaubt, dass unsere Technologie helfen könnte, die Heraus-

forderungen in Cox's Bazaar, dem größten Flüchtlingslager der Welt, zu managen. Die Menschen dort haben keine IT- oder Kommunikationsinfrastruktur, und Project OWL könnte dabei unterstützen, um Daten-, Kommunikations- und Logistikprobleme zu lösen. Das wäre eine andere Art von Herausforderung, aber ebenfalls eine große Gelegenheit, das Leben dieser Menschen zu verbessern.

**Würden Sie sagen, dass krisenbezogene Technologien immer wichtiger werden?**
Auf jeden Fall! Wir sind heute sehr viel besser in der Lage als früher, große Probleme mit technologischer Hilfe zu bewältigen – und das wird auch in Zukunft so sein. Ich glaube nicht, dass Menschen von einer Generation zur nächsten zwangsläufig intelligenter werden. Wir wissen vielleicht mehr, aber was sich wirklich von einer Generation zur nächsten ändert, ist unsere Fähigkeit, Technologien zu entwickeln, die größere und anspruchsvollere Probleme lösen können.

**Sehen Sie andere Bereiche, in denen Innovationen Leben retten könnten?**
Ja, natürlich. Der Schlüssel liegt derzeit in der Nutzung von Technologie zur Früherkennung, Vorhersage und Analyse sowie zur Verbesserung der Kommunikation für alle Menschen. Es geht nicht darum, eine verrückte Quantentechnologie zu schaffen, die die Drehbewegungen der Erde verändert, sodass wir Naturkatastrophen verhindern. Was wir tun können, ist, alle verfügbaren Daten bestmöglich zu nutzen, um den Menschen die bestmögliche Chance zu geben, Probleme zu lösen. Es gibt viele Arten von Katastrophen, bei denen wir helfen können – Waldbrände, Tornados, Erdbeben, Terroranschläge. Ich lebe in New York City, hier besteht ständig die Gefahr, dass irgendwo etwas Verrücktes passiert. Wir müssen in der Lage sein, diese Dinge zu bewältigen.

**Glauben Sie, dass es in der jüngeren Generation einen Bewusstseinswandel gibt, globale Herausforderungen und Probleme aktiv und eigenverantwortlich anzugehen?**
Ich hoffe, dass unsere Generation globaler ausgerichtet ist und sich außerdem bewusst, dass es niemandem hilft, wenn wir nur bis zur Landesgrenze denken und nicht darüber hinaus. Global gesehen tut das allen weh, vor allem uns selbst. Ich hoffe, dass die kommenden Generationen mehr persönliches Interesse entwickeln für die Art und Weise, wie wir mit der globalen Wirtschaft und der Weltgesellschaft umgehen – und wie sich das auf unsere individuellen Komfortzonen auswirkt, egal wo auf der Welt wir leben.

# THESE 6

**NEW LUXURY**

# Luxus wird zum Ausdruck einer neuen, kultivierten Rebellion: Statussymbole werden mit ethischem Mehrwert und nachhaltigem Anliegen aufgeladen.

# New Luxury

**Luxus wird zum Ausdruck einer neuen, kultivierten Rebellion: Statussymbole werden mit ethischem Mehrwert und nachhaltigem Anliegen aufgeladen.**

Der Luxusmarkt wächst weltweit stetig an. Doch was bedeutet Luxus in einer Zeit, in der wir ständig auf dem Sprung und always on sind? In einer Zeit, in der die Generation Global die Welt als ihr Zuhause ansieht und materiellen Besitz zunehmend als Ballast empfindet? In der traditionelle Luxusmarken ihre Produkte lieber vernichten, als das Risiko einzugehen, dass ihre überschüssige Ware zu Dumpingpreisen verkauft wird?

Irgendetwas scheint falsch zu laufen – allen Statistiken zum Trotz. Luxus, der darüber definiert wird, dass sich Käufer dank bestimmter Statussymbole einer gewissen Gruppe zugehörig fühlen und das auch nach außen zeigen, hat als Distinktionsmerkmal ausgedient. Fast jeder, der will, kann sich heute auch mal ein Gucci-Täschchen leisten – oder einfach mal für ein Wochenende den roten PS-starken Porsche ausleihen. Die Demokratisierung der Luxusmärkte ist in vollem Gange, frei nach dem Credo des Marketing-Philosophen Jean-Noël Kapferer: „Jeder hat das Recht auf Luxus".

Die wahre Elite konsumiert Luxus dagegen längst anders: als Gegenkonzept zu den Normen der aktuellen Alltagskultur. In diesem Sinne beschreibt auch der Philosoph Lambert Wiesing Luxus als einen selbstgewählten Anti-Wert, als Rebellion gegen eine komplexe und unsichere Welt (vgl. Wiesing 2015). Luxus definiert sich damit immer weniger über das Objekt und dessen Besitz, sondern wird immer mehr zum Ausdruck des eigenen Lebensstils und der Werthaltung.

### LUXUS ALS REBELLION

In einer hypervernetzten Welt, die sich immer schneller zu drehen scheint, wird Zeit zum obersten Luxusgut – und Achtsamkeit zum erstrebenswerten Ideal (siehe Exkurs **„Achtsamkeit: Raus aus der Überreizung"**, S. 100). Dabei geht es sowohl um einen achtsamen Umgang mit sich selbst als auch den Mitmenschen und der Umwelt. Als Rebellion gegen einen achtlosen Konsum von Luxusmarken, die zwar High-end-Produkte versprechen, aber dabei unfaire und umweltschädliche Herstellungsbedingungen in Kauf nehmen, setzt sich mehr und mehr ein nachhaltiger Luxus durch. Im **Ultra-Local-Trend** (siehe S. 94) wird das Prinzip umgedreht: Die hohe Qualität und das Luxuriöse des Produkts werden allein an seiner Herkunft, dem Kontext der Produktion und Ausgangsmaterialien festgemacht. Ultralokale Produkte definieren sich und funktionieren ausschließlich über ihre Herkunft und Herstellung.

Bereits im Jahr 2007 sprachen die Autoren Jem Bendell und Anthony Kleanthous in einem WWF-Report von „Deeper Luxury" (Bendell/Kleanthous 2007): Das wachsende Bewusstsein der Konsumenten für ökologische und soziale Probleme sei die größte kulturelle Verschiebung des 21. Jahrhunderts. Inzwischen nehmen sich diverse Unternehmen genau dieser globalen Herausforderung an. Diesen Entrepreneuren geht es also nicht in erster Linie darum, ein Luxusprodukt anzubieten, sondern ein Problem zu lösen. So hatte sich etwa Tesla mit dem Roadster nicht zum Ziel gesetzt, einen Luxussportwagen auf den Markt zu bringen, sondern seine selbsternannte Mission zu erfüllen – die Beschleunigung des Übergangs zu nachhaltiger Energie.

## DISRUPTING THE LUXURY MARKET

Sustainable Luxury kann als disruptive Innovation verstanden werden, da die Pioniere meist nicht aus der Luxusbranche selbst stammen, sondern einen Aspekt in den Vordergrund stellen, der bisher für Luxusmarken keine oder nur eine untergeordnete Rolle spielte. Disruptoren agieren dabei häufig über Grenzen und Branchen hinweg, investieren in viele unterschiedliche Kleinprojekte und zeichnen sich durch zielstrebigen Gewinnzuwachs aus. Oft wirkt ihr Handeln auf den ersten Blick paradox, es bricht mit bekannten Mustern, und die Visionen pendeln häufig zwischen Größenwahn und Weltverbesserung.

Immer werden diese Visionäre aber von einem Anliegen getrieben, das sich in Produkten oder Services manifestiert. Auch der Konsum dieser Objekte fokussiert folglich auf das Anliegen: Man konsumiert etwas, weil man die Werte, die das Unternehmen verkörpert, teilt, und weil man die Verfolgung dieser Ziele unterstützen möchte. Und diese Nachhaltigkeit hat ihren Preis. Denn wer eine Mission verfolgt, dem geht es nicht um schlichte Kostenreduktion – erst recht nicht auf Kosten anderer oder der Umwelt.

## PURPOSE IST DAS GROSSE ZIEL

Zwar wird von Unternehmen immer stärker ein Purpose eingefordert – ein höherer Zweck und eine klare Bestimmung –, doch haben bisher lediglich 18 Prozent der deutschen und sogar nur 11 Prozent der international agierenden Firmen ein Unternehmensziel in ihrem Markenclaim herausgearbeitet (vgl. Globeone 2018). Mehr als die Hälfte der Organisationen stellte den rationalen Nutzen des angebotenen Produkts in den Vordergrund.

Dennoch ist klar: Immer mehr Konsumenten erwarten ein ökosoziales Verhalten von Unternehmen und Marken. Die Edelman-Earned-Brand-Studie 2018 kommt zu dem Ergebnis, dass fast zwei Drittel (64 Prozent) der Verbraucher weltweit eine Marke allein wegen ihrer Position in einer sozialen oder politischen Frage kaufen oder boykottieren – ein Anstieg von 13 Prozentpunkten gegenüber dem Vorjahr (vgl. Edelman 2018). Mehr als die Hälfte (53 Prozent) sind sogar davon überzeugt, dass Marken mehr tun können als Regierungen, um soziale Missstände zu lösen. Vor allem den unter 35-Jährigen ist das Anliegen eines Unternehmens wichtig. Diese Verknüpfung von Luxus und Nachhaltigkeit bringt den Lebensstil des **Öko-Hedonismus** (siehe S. 97) hervor: Es geht darum, individuell luxuriös zu leben – und zugleich sozial Gutes zu tun.

## MEANINGFUL MATERIALISM

Das neue Luxusverständnis ersetzt Opulenz durch einen Meaningful Materialism. Der Sinn tritt in den Vordergrund und mischt sich mit dem Wunsch nach Extravaganz und Hedonismus. So verbindet New Luxury das Altbekannte mit etwas ganz Neuem: Das traditionelle Verständnis von Luxus als etwas Unnötigem, Maßlosem und Verschwenderischem bleibt erhalten – und zugleich wird Luxus nützlich und positiv umgedeutet, indem er einem höheren Zweck dient und meist kein geringeres Ziel verfolgt, als die Welt zu verbessern.

Das gilt auch für **Lab-Grown-Luxury** (siehe S. 96), der durch neue Technologien hervorgebracht wird, oder die **Rückkehr des Analogen** (siehe S. 98), einer Rückbesinnung auf das handgefertigte und **mit allen Sinnen erlebbare Objekt** als neuem Luxus in einer digital-flüchtigen Welt: Stets geht es nicht mehr nur um das Objekt an sich, sondern vor allem um die Aura und um die Weltverbesserungspotenziale, die dieses Objekt umgeben – in Form von Geschichten und Erfahrungen, Mythen und Erlebnissen.

# Best Practice

## Ultra-Local

*Mittendrin sein und ganz tief eintauchen – das wünschen sich viele Konsumenten. Und wenn sie schon nicht bei der Entdeckung und Herstellung des Produkts dabei sein können, wollen sie umso mehr dessen faszinierende Story hören. Je exotischer, desto besser. Die Sehnsucht nach abgelegenen Orten und einzigartigen Geschichten treibt den Luxusmarkt an.*

### EARTH TU FACE – FARM-TO-FACE BEAUTY

Das Prinzip Farm-to-Face aus der Beauty-Branche knüpft an den Ernährungstrend Farm-to-Fork (oder Farm-to-Table) an: vom Bauernhof direkt auf den Teller. Farm-to-Face beschreibt die Verwendung lokal angebauter, frisch geernteter Zutaten für Kosmetikprodukte. Diese Natural-Beauty-Bewegung hat ihren Ursprung in Kalifornien – kaum verwunderlich, denn Kalifornien gilt auch für seine Küche als Pionier und Verfechter von superfrischen Zutaten (vgl. Zukunftsinstitut/LZ 2016). Inzwischen wird das Konzept auch in Europa immer populärer.

Die zwei Herbalistinnen Sarah Buscho und Marina Storm begannen 2010 im kalifornischen Oakland, Naturkosmetik in ihrer Küche herzustellen – mit Zutaten aus dem eigenen Kräutergarten. Die Produkte von Earth tu Face sind zu 100 Prozent auf pflanzlicher Basis aus Bio- und Wildkräutern mit Bio-Ölen und Bio-Bienenwachs hergestellt und frei von Zusatzstoffen oder Gentechnik. Zudem wurden die Pflanzenextrakte eigenhändig von den Kräuterexpertinnen ausgewählt, sogar die Döschen und Tiegelchen sind wiederverwend-, kompostier- und recyclebar. Die Gründerinnen treten mit dem Anspruch an, nicht nur „deinen Körper", sondern auch „unsere Welt zu heilen".

earthtuface.com

### TO'AK – DIE ÄLTESTE SCHOKOLADE DER WELT

Fair Trade reicht nicht mehr aus – Direct Trade geht einen wichtigen Schritt weiter: Produkte direkt vom Erzeuger, ohne Zwischenhändler, für ein möglichst außergewöhnliches und authentisches Produkterlebnis. Damit macht Direct Trade den Konsum zum ethischen Akt.

Das Unternehmen To'ak entstand aus einer Initiative zur Erhaltung des Regenwalds in Ecuador. In dieser Region wird traditionell Kakao angebaut, allerdings nicht auf Plantagen, sondern von Kleinbauern im Einklang mit der Flora und Fauna des Regenwalds. Als Jerry Toth, Co-Gründer von To'ak, auf einige alte Kakaobäume stieß, ergaben DNA-Tests, dass sie zur Sorte ‚Nacional' gehören, die bereits als ausgestorben galt und deren Ursprünge bis zu 5.300 Jahre zurückreichen. Durch die Rekultivierung der Ur-Kakaosorte will To'ak Schokolade wieder zu etwas Heiligem machen – so wie in der traditionellen Kultur der Maya.

To'ak will die Art und Weise verändern, wie wir edle Schokolade erleben, durch das Anheben ihrer Herstellung und Verkostung auf das Niveau von Vintage-Wein oder gealtertem Whiskey mit vergleichbarem Kostenaufwand: Der Preis für eine Tafel liegt im dreistelligen Bereich.

toakchocolate.com

### REALTRUE – VON DER FISCHHAUT ZUM LUXUS-TÄSCHCHEN

Die Schweizerin Caroline Hirt, Gründerin von REALTRUE, entdeckte ihre Geschäftsidee auf den Reisen nach Brasilien: Durch Zufall stolperte sie über ein Material, das außerhalb des Amazonas fast vollkommen unbekannt ist – Fischleder, hergestellt aus den Schuppen des südamerikanischen Pirarucu, einem der größten Süßwasserfische der Welt. Die Fischhäute, aus denen die Taschen von Realtrue hergestellt werden, stammen aus dem Mamirauá-Reservat für nachhaltige Entwicklung im brasilianischen Bundesstaat Amazonas. Dort dient der Pirarucu der indigenen Bevölkerung als Nahrung. Da die Haut nicht genießbar ist, wurde sie bisher weggeworfen oder verbrannt.

Die Gerberei von REALTRUE kauft Fischhäute von lokalen Fischern und hat sich auf das ökologische Gerben und Trocknen der Pirarucu-Häute spezialisiert. In einem

1 Earth tu Face
2, 3 REALTRUE
4 To'ak

EARTH TU FACE
LOTION
8 fl oz / 236 ml
EARTH TU FACE
EARTH TU FACE
EXFOLIATE + HYDRATE
SEA SALT + ORGANIC OILS
created by two herbalists in California

1

2

3

4

mehrere Monate langen handwerklichen Prozess wird ein äußerst starkes, langlebiges und geschmeidiges Material geschaffen. In einem High-end-Atelier in Norditalien werden die Taschen dann von Hand genäht.

realtrue.store

1

## Lab-Grown-Luxury

*Luxus aus dem Labor – frisch, rein, sauber: Cruelty-free-Materialien stehen verpönten oder zumindest kritisch hinterfragten Originalen ästhetisch und qualitativ in nichts nach. Luxus und Hightech vereinen sich zu einer nachhaltigen Symbiose.*

### DIAMOND FOUNDRY – EDELSTEINE AUS DEM LABOR

2007 spielte Leonardo DiCaprio in Blood Diamond einen skrupellosen Diamantenschmuggler. Nun nutzt der Star seine Popularität, um gegen die Ausbeutung von Natur und Mensch anzutreten. Als Investor in das kalifornische Start-up Diamond Foundry spricht DiCaprio sich klar gegen den Abbau von Diamanten in Minen aus – und für synthetisch hergestellte Edelsteine, die unter dem Motto World Positive als echt und moralisch einwandfrei vermarktet werden.

In einem Labor in San Francisco werden die Diamanten mit der Methode der chemischen Gasphasenabscheidung – Chemical Vapour Deposition (CVD) – gezüchtet. Hierfür wird ein winziger Splitter eines Naturdiamanten benötigt, der rund zwei Wochen lang in einem Plasmareaktor heranwächst, indem sich Kohlenstoffatome auf ihm absetzen. Wer möchte, kann sich seinen Cruelty-free-Diamanten bei Diamond Foundry nach individuellen Wünschen in Form und Karat züchten lassen – oder die edlen Steine bei verschiedenen Juwelieren und Schmuckdesignern weltweit auswählen.

diamondfoundry.com

### MICROSILK UND MYLO – BIOTECH MEETS LUXURY FASHION

Die britische Modedesignerin Stella McCartney gilt als Pionierin im Bereich der nachhaltigen Luxusmode. Kaum verwunderlich, dass sie mit nachhaltigen Materialinnovationen Veränderungen in der Fashion-Branche vorantreibt: „Die Fashion-Industrie arbeitet immer mit den zehn gleichen Materialien. Die Dinge müssen sich ändern: Diese zehn Materialien sind nicht gut für den Planeten und zusammen können wir Alternativen schaffen" (Wadsworth 2018). Unter dem Motto Spinning the Future forscht die Designerin zusammen mit dem US-amerikanischen Biotech-Unternehmen Bolt Threads an einem Material namens Microsilk. Hierfür untersuchten die Forscher intensiv, wie Spinnen Seidenfäden erzeugen, um den natürlichen Prozess bestmöglich zu imitieren. Das Seidenprotein aus dem Labor wird aus Hefe, Zucker und Wasser hergestellt und dann zu einem Faden gewoben, der ähnlich elastisch und weich ist wie echte Seide.

Auch für das Leder von Bolt Threads muss kein Tier leiden: Mylo ist ein Material, das aus Myzelien von Pilzen hergestellt wird. Die Myzelienzellen gedeihen über zehn Tage in einem Substrat aus Maisstängeln und Nährstoffen. Danach wird das Myzelien-Netz zu einem festen Material gepresst und gefärbt – und ist von tierischem Leder nicht mehr zu unterscheiden.

stellamccartney.com; boltthreads.com

1 Mylo
2 Grain Surfboards
3 HYT

2

3

## Öko-Hedonismus

*Luxus-Produkte verkörpern einen Lebensstil: Sie dienen nicht nur der persönlichen Distinktion, sondern werden förmlich gelebt. Luxus wird damit leicht und lässig – eine (öko-)bewusste Rebellion gegen Askese und Verbote genussfeindlicher Öko-Prediger.*

### GRAIN SURFBOARDS – SURFING SUSTAINABILITY

Das kleine Unternehmen Grain Surfboards will eine Surf-Revolution anzetteln. Gründer Mike LaVecchia ist davon überzeugt, dass es immer mehr Surfer gibt, die „über die negativen Auswirkungen der massenproduzierten, hochtoxischen Umweltzeitbomben nachdenken, auf denen sie paddeln – trotz der Anmut und Kraft ihres Designs" (grainsurfboards.com).

Grain Surfboards verbindet die hochmoderne CAD-Technologie mit ursprünglichen Materialien, um handgefertigte Surfbretter aus Holz zu fabrizieren. Das Holz stammt aus den umliegenden Wäldern des Unternehmens-Headquarters im US-Bundesstaat Maine.

Ein Surfboard wird nur auf Anfrage gefertigt – und Sonderwünsche sind erlaubt. Grain Surfboards ist es wichtig, den Kunden zu involvieren und ihm die besten Optionen in Details zu bieten, etwa Holzmuster, Flossen, Form oder Beschichtung. Wer will, kann sein Surfbrett sogar mithilfe von präzisionsgeschnittenen Frame-Sets, Zedernbrettern und einer 170-seitigen Schritt-für-Schritt-Anleitung selbst herstellen.

Im Herbst 2018 kooperierte Grain Surfboards mit dem schottischen Whiskyhersteller Glenmorangie, um eine limitierte Zahl an Surfbrettern aus dem Holz alter Whiskyfässer zu kreieren. Wer solch ein Brett ergattern will, muss 5.500 Dollar hinblättern – bekommt dafür aber ein absolut nachhaltiges und uniques Surf-Feeling.

grainsurfboards.com

### HYT UHREN – TIME IS LIQUID

Die Schweizer sind berühmt für ihre Präzision und Tradition im Uhrmacherhandwerk: Rolex, Breitling, Tag Heuer, Omega und viele mehr – der Markt für Luxusuhren scheint bestens bedient. Umso erstaunlicher, dass sich ein junges Unternehmen, 2012 in Neuchâtel gegründet, innerhalb kürzester Zeit einen Namen gemacht hat. Wohl vor allem, weil HYT etwas Einzigartiges gelungen ist: Armbanduhren, die mit Flüssigkeit funktionieren.

Die Idee entstand aus einer philosophischen Frage: Warum beschränkt man sich bei der Anzeige von Zeit lediglich auf das Jetzt, wenn man doch den Zeitfluss von Vergangenheit, Gegenwart und Zukunft abbilden könnte? Und wieso zeigt man Zeit auf einer Uhr nur mit hauchdünnen Zeigern oder flüchtigen Digital-Displays an? Die innovative Technologie von HYT knüpft an eine Tradition der alten Ägypter und Griechen an: Wasseruhren wurden in der Antike Wasserdiebe genannt, weil das Wasser von einem Behälter zum anderen lief, um die gestohlene (verstrichene) Zeit zu messen. Die mechanischen HYT-Armbanduhren zeigen mit einer farbigen Flüssigkeit die jüngste Vergangenheit

1

2

und mit einer transparenten Flüssigkeit die nahe Zukunft an. Zusätzlich überwinden sie die Schwerkraft, sind also zugleich losgelöst von Raum und Zeit. Solch ein philosophischer Armbanduhr-Einblick glänzt mehr als jedes diamantbesetzte Handgelenk.

hytwatches.com

### E-SUVS – PROTZEN MIT ÖKO-APPEAL

Trotz feinstaubbelasteter Innenstädte und regelmäßiger Autobahnstaus will nur eine Minderheit der Deutschen auf ein eigenes Auto verzichten. Mit einem schicken PKW wird noch immer ein Lifestyle verknüpft. Das gilt nicht zuletzt für SUVs – anders lässt sich der Erfolg der vor allem für den täglichen Stadtdschungel genutzten Geländewagen nicht erklären. Doch erste Lösungen für die kognitive Dissonanz zwischen Fahrspaß und Umweltbedenken sind bereits auf dem Weg.

So ermöglicht der Mercedes EQC SUV als erstes reines Elektrofahrzeug der Marke Daimler dem Fahrer eine saubere Transport-Option, die weder an Leistung noch an Luxus spart. Das Fahrzeug mit zwei E-Motoren und 408 PS beschleunigt in 5,1 Sekunden von 0 auf 100. Ausgestattet mit Allradantrieb und einer Reichweite von 450 Kilometern ist die Höchstgeschwindigkeit auf maximal 180 Stundenkilometer gedrosselt. Der EQC SUV konkurriert mit dem Tesla Model X, dem Jaguar i-Pace, dem Audi e-tron quattro und dem Porsche Taycan. Alle Modelle zeigen: Auch Öko-Protz kann ein weiterer Schritt in Richtung saubere Mobilität sein.

mercedes-benz.com

## Rückkehr des Analogen

*Das Revival der Dinglichkeit in digitalisierten Zeiten ist ein klarer Gegentrend – und zugleich mit einem Hauch Upper-Class-Rebellion versehen. Wenn alles unendlich kopier- und verfügbar ist, wird das Einmalige und Anfassbare zum neuen Luxus.*

### KIPPSCHALTER LS 1912 – ES WERDE LICHT

In einer Zeit, in der das Smart Home Wirklichkeit zu werden beginnt, erleben wir eine Renaissance der haptischen Objekte im Raum. Theoretisch können intelligente Sprachsteuerungssysteme uns heute vieles abnehmen. Doch der durchtechnologisierte Haushalt, in dem auf Zuruf das Licht angeht, ist nicht jedermanns Sache. Der Frust ist hoch, wenn einfache Befehle nicht funktionieren, das System hängt oder Alexa und Co. mal wieder nur die Hälfte verstehen. Umso befriedigender erscheint der sanfte, einfache Klick eines Lichtschalters – als eindeutige Resonanz.

So lässt sich auch die Beliebtheit des LS 1912 von Jung erklären: eine Neuinterpretation des Kippschalters, der Ende der 1910er-Jahre den Drehschalter ablöste – und dabei puristisches Design mit Innovation verband. Die Zahl 1912 steht für das Firmengründungsjahr. Der Kippschalter ist eine Hommage an die Mechanik des Schaltens und passt sich unaufgeregt in das Design seiner Umgebung ein, indem er den Raum bereichert, aber nicht dominiert. Die Messingvariante wird in Handarbeit geschliffen und veredelt. Somit ist jeder Schalter ein Unikat.

1 Mercedes Benz
2 Jung
3, 4 Alexandra Llewellyn

3

4

Entscheidend für den Retro-Klick ist das Material. So erleben generell traditionelle Materialien wie Porzellan und Bakelit eine Renaissance (Decento von Busch-Jäger), aber auch Metalle wie Kupfer oder Bronze (Select von Lithoss) oder Naturmaterialien wie Schiefer, Holz oder Leder (R.1 von Berker).

jung.de; lithoss.be; busch-jaeger.de; berker.com

**BACKGAMMON, SCRABBLE & CO. – REVIVAL DER BRETTSPIELE**

So wie E-Books nicht das Ende des gedruckten Buches einläuteten, bedeuten Online-Games nicht den Niedergang der Brettspielkultur. Im Gegenteil, sie erfährt in digitalisierten Zeiten eine deutliche Aufwertung: High-end-Brettspiele sind en vogue. Längst geht es nicht mehr nur um den reinen Spielspaß, sondern auch um das ästhetische und haptische Erlebnis. Spiele werden zum Bestandteil der Einrichtung, sind Designelemente, die von gutem Geschmack zeugen.

So sind die handgefertigten Backgammon-Sets der Britin Alexandra Llewellyn sowohl Spiele als auch Kunstobjekte. „Ich bin immer inspiriert von der Art und Weise, wie Spiele uns zusammenbringen, und von den Gesprächen, die sich daraus ergeben“, erklärt sie ihre Passion: „Zeit ist heute unser größter Luxus, und Spiele schaffen einen Raum, in dem wir diese mit unseren Lieben genießen können“ (alexandrallewellyn.com). Neben Backgammon-Sets aus edlen Hölzern und Spielsteinen aus Leder oder Edelsteinen stellt die Designerin auch formvollendete Spieltische der Extraklasse sowie ein exquisites und limitiertes Pokerset her. Preiswerter zu haben sind Luxuseditionen von Spieleklassikern. Bei der WS Game Company, gegründet von zwei ehemaligen Mitarbeitern von Hasbro Games, gibt es die Brettspiele Monopoly, Scrabble und Clue in einer hochwertig designten Luxusvariante.

alexandrallewellyn.com; wsgamecompany.com

# Achtsamkeit: Raus aus der Überreizung

**EXKURS**

Achtsamkeit – dieser seltsam schüchterne, aber unglaublich mächtige Begriff hat eine beispiellose Trendkarriere hinter sich. Wenn Sie den Begriff Mindfulness googeln, erhalten Sie 103 Millionen Treffer. Achtsamkeit hat es auf die Titelseiten aller großen Magazine geschafft, ganze Zeitschriften widmen sich dem Thema, es gibt Mindful-Apps, -Buchreihen und -Studios sowie Achtsamkeitskurse für Manager. In vielen großen Unternehmen verdrängen derzeit Achtsamkeits-Trainer die McKinsey-Horden.

Achtsamkeit hat den faden Begriff der Wellness abgelöst. Denn anders als Wellness ist Achtsamkeit nicht so einfach korrumpierbar. Achtsamkeit ist Handlung, ein innerer Prozess mit vielen Konsequenzen und Bedingungen – und mit harten Ausgangslagen.

Zunächst wirkt das geradezu paradox: Wir leben in einer Welt, die derart mit Information, Meinung, Erregung, Angst, Lärm, Gleichzeitigkeit, Krise und Katastrophe überfüllt ist, dass die Vokabel Achtsamkeit wie ein zynischer Treppenwitz klingt. Die Gesellschaft, so scheint es, hysterisiert sich täglich. Die Angst scheint immer mehr Diskurse zu beherrschen. Eine Angst, die sich in Hass übersetzt, in immer primitivere Weltbilder, in falsche Bilder und Regressionen.

Und genau das ist der Grund für die Bedeutung der Achtsamkeit. Denn die Welt hat sich auf eine seltsame Weise entzündet. Nicht so sehr, weil es immer mehr Kriege und Konflikte gibt, sondern weil unsere Wahrnehmung sich verändert hat. Wir sind auf einer gewissen Wahrnehmungsebene empfindlicher geworden. Das Internet überreizt unseren Sinn für Nah und Fern, für Bindung und Ent-Bindung, für das Wichtige und das Verrückte. Unsere informellen Kapazitäten werden überfordert. Was eine Meldung ist und was nicht, entscheiden inzwischen Klickraten. Die Medien, mit ihrem Hang zu Skandal, Übertreibung, Negativität und Alarmismus, versetzen uns in eine ständige Panikbereitschaft. Wir werden Opfer von Gefühlen mit ansteckender Wirkung.

Überfordert werden wir auch kommunikativ. Menschen sind von der Evolution dazu geprägt, in überschaubaren bands zu leben, in Stämmen mit maximal 80 Mitgliedern. In einer solchen sozialen Größe können wir authentisch kommunizieren, stabile und verbindende Beziehungen aufbauen. Die Globalisierung, die Konnektivität aller Lebens- und Wirtschaftsbeziehungen scheint unser Beziehungsgefüge ständig zu zerreißen. Wer tausend Freunde auf Facebook hat, ist in Wirklichkeit bitter allein. Wer in jeder Sekunde ununterbrochen kommuniziert, kann sich irgendwann selbst nicht mehr spüren.

Menschen sind Bindungswesen. Die technische Zivilisation gaukelt uns jedoch ständig vor, wir könnten Bindung durch Technologie ersetzen. Der amerikanische Internet-Kritiker Evgeny Morozov schrieb einmal, dass die gloriose Vision von Schrittzählern, Pulsmessern und Pflegerobotern nur eine Art der Abschiebung meint: Wir wollen mit den Alten und Kranken nichts zu tun haben, deshalb gaukeln wir uns vor, Pflegearbeit robotronisch delegieren zu können. Wir wollen mit unserem Körper nichts wirklich zu tun haben, deshalb glauben wir, ständig seine Daten messen zu müssen.

Achtsamkeit heißt: In einer überfüllten, überreizten, überkomplexen Welt müssen wir lernen, uns auf neue Weise auf uns selbst zu besinnen – uns vergewissern, um leben zu können. Und gleichzeitig birgt der Begriff der Achtsamkeit die tiefere Erkenntnis, dass die Welt gar nicht wirklich überfüllt, überreizt, überkomplex ist. Wir erkennen, dass wir die

# Achtsamkeit ist die Kulturtechnik der reifen Individualität in einer konnektiven Welt.

Welt durch unser *mind* selbst konstruieren. Wir machen die diversen Hysterien durch unsere Aufmerksamkeiten erst stark! An diesem Punkt wird Achtsamkeit zu einem Freiheitsbegriff – und genau das macht seine Sprengkraft aus.

Ist Achtsamkeit der Gegentrend zur Individualisierung? Im Gegenteil: Es ist die Realisierung von Individualität im Zeitalter der Übernervosität. Achtsamkeit ist die Kulturtechnik der reifen Individualität in einer konnektiven Welt, gewissermaßen ein Upgrading unserer mentalen Software. Der Begriff ist ohne das Wort Selbstwirksamkeit nicht zu verstehen: Achtsamkeit schaut nach innen, ohne das Außen zu vernachlässigen. Nein, wir müssen nicht alles glauben, was uns jeden Tag, jede Minute um die Ohren fliegt.

Wir sind verbunden, aber nicht unbedingt abhängig. Wir sind verantwortlich, aber nicht schuldig. Achtsamkeit will heraus aus dem ewigen Müssen-Müssen. Wir können lernen, die eigenen Schwächen zu verstehen und zu bejahen, Scheitern zu lernen, aber auch aus dem Scheitern zu lernen, Ziele selbstbewusst zu setzen, anstatt immer nur einem „Ziel" hinterherzujagen.

Natürlich hat Achtsamkeit etwas mit Spiritualität zu tun. Der Boom von Yoga-Techniken hat sicherlich den Boden bereitet: Meditation ist, in welcher Form auch immer, eine Grundtechnik der Achtsamkeit. Aber es geht nicht um jene magische Spiritualität, wie sie heute in jedem esoterischen Billigladen feilgeboten wird („Nutzen Sie Kristalle zur Erleuchtung!"). Achtsamkeit entwickelt sich in den Schnittmengen von Kognitionspsychologie, Systemwissen und Spiritualität. Anders als im klassischen Buddhismus ist das Ziel nicht die Auflösung des Ich, sondern die Wiederentdeckung des Selbst.

Ist Achtsamkeit ein Geschäftsfeld, ein lukratives Business für die Zukunft? So einfach ist es eben nicht. Die vielen Gurus, Berater, Trittbrettfahrer werden schon ihr Geld verdienen. Aber das Achtsamkeits-Prinzip bedeutet für das Business gleichzeitig einen Paradigmenwechsel mit fundamentalen Ausmaßen: von der Personalabteilung, die auf andere Weise mit Menschen umgehen muss, über die Frage, welche Rohstoffe für einen Produktionsprozess verwendet werden (Cradle to Cradle), bis zum Mindset der Führung.

Fest steht aber: Wer das Prinzip der Achtsamkeit einmal verstanden hat, erkennt, wie die Zukunft tickt. Oder besser: atmet.

# THESE 7

KI & ROBOTIK

# Der Hype um Künstliche Intelligenz (KI) und Robotik erzeugt allzu oft einen technologischen Tunnelblick. Wirklich zukunftsweisend ist jedoch das konstruktive Zusammenspiel von maschineller und menschlicher Intelligenz.

# KI & Robotik

**Der Hype um Künstliche Intelligenz (KI) und Robotik erzeugt allzu oft einen technologischen Tunnelblick. Wirklich zukunftsweisend ist jedoch das konstruktive Zusammenspiel von maschineller und menschlicher Intelligenz.**

## KÜNSTLICHE INTELLIGENZ – EIN MISSVERSTÄNDNIS

Künstliche Intelligenz (KI) ist die Boom-Technologie der Stunde. Die Durchbrüche im Machine Learning, insbesondere im Deep Learning, bereiten den Weg für eine Zukunft, in der KI und Automatisierung unsere Alltags- und Arbeitswelt immer umfänglicher prägen werden. Schon heute sind intelligente Technologien in nahezu allen Bereichen des Alltags zu finden – von Haushaltsgeräten und Fitnessarmbändern mit Cloud-Anbindung über Chatbots im Einzelhandel bis zu intelligenten Roboterkolonien in Fabrikhallen.

Der Hype um KI pendelt zwischen Euphorie und Schreckensvisionen. Das liegt nicht zuletzt daran, dass wir oft maschinelle und menschliche Intelligenz gleichsetzen. Eng damit verbunden ist das Phänomen des Anthropomorphing, die Vermenschlichung oder Beseelung von unbelebten Dingen durch Projektion. Unsere Phantasie verwechselt ständig das Menschliche mit dem Maschinellen und verlebendigt die toten Dinge. Besonders deutlich wird das in Bezug auf Roboter: Wir projizieren uns selbst in die Abbilder, die wir erschaffen. Kinder sprechen mit Puppen – Erwachsene mit ihren Staubsaugerrobotern.

Nichts anderes passiert, wenn wir die Phrase „Künstliche Intelligenz“ hören: Wir verwechseln maschinelle Intelligenz – das Erkennen von Mustern, das Lösen logischer Prozesse – mit menschlichem Bewusstsein. Es gibt bisher keinen Grund zu der Annahme, dass eine KI ein Bewusstsein entwickeln könnte. Blenden wir diese kategorialen Differenzen aus, kommen die entscheidenden Fragen, die im Kontext immer intelligenter werdender Maschinen eigentlich zentral sind, gar nicht erst in den Blick: Wie lässt sich KI sinnvoll in soziokulturelle und sozioökonomische Zusammenhänge integrieren? Und welche wirklich sinnvollen Angebote sind auf Basis intelligenter Anwendungen möglich?

Um ein Verständnis für zukunftsweisende Einsatzmöglichkeiten von KI zu erlangen, gilt es deshalb zunächst die Frage zu beantworten: Was kann KI wirklich, jenseits naiver Technikbegeisterung à la Silicon Valley oder dystopischer Auslöschungsängste à la Hollywood.

## WAS KANN KI?

Am Anfang steht die Einsicht in die kategorischen Unterschiede zwischen menschlicher und künstlicher Intelligenz. Der offensichtliche lautet: Menschen fühlen, Maschinen nicht. Das hat weitreichende Auswirkungen, denn nur wer fühlt, entwickelt Intentionen und kann wirklich kreativ sein und kontextuelles Wissen anwenden. „Computer sind absolut nutzlos. Sie können nur Antworten geben“, wusste schon Pablo Picasso. Nur Menschen können die richtigen Fragen stellen, den Sinn verstehen.

Definieren wir Intelligenz dann lose als Fähigkeit, Probleme zu lösen, erleben wir im Feld der KI gerade gewaltige Fortschritte. Von besonderer Bedeutung ist dabei der Bereich des Machine Learnings. Dabei handelt es sich um ein simples Trial-and-Error-Verfahren, das es möglich macht, dem Computer beim Programmieren nicht alles neu erklären zu müssen: Der Algorithmus wird mit Unmengen an Daten gefüttert und gleichsam ins kalte Wasser geworfen. Er erhält Feedback, wenn er etwas falsch oder richtig macht und lernt gewissermaßen am lebenden Objekt.

Das verdeutlicht auch den engen Zusammenhang von KI und Big Data: Erst seitdem die riesigen Datenmengen, die von zahllosen Sensoren erzeugt werden, auch verarbeitet werden können, ist KI auf diesem Niveau überhaupt möglich. Mit zunehmender Vernetzung und Sensorik im Zuge des sich formierenden Internets der Dinge wird daher auch das Thema KI weiter an Dynamik gewinnen.

Heute ermöglicht KI auf dieser Basis bereits autonomes Fahren, automatisiert und optimiert Arbeitsprozesse, vereinfacht unseren Alltag – und nimmt uns immer mehr monotone oder anstrengende Tätigkeiten ab (vgl. **„Boring Work Robotics“**, S. 107). Dennoch steckt die Technologie noch in den Kinderschuhen und kämpft mit diversen Herausforderungen. Bis auf verhältnismäßig einfache Fälle werden Maschinen auch Menschen bis auf Weiteres nicht ersetzen können, sondern eher assistieren und sehr spezifische Aufgaben abnehmen.

Genau an diesem Punkt lohnt es sich für Unternehmen, die Einsatzmöglichkeiten von KI genau zu prüfen. Denn richtig eingesetzt, birgt diese Technologie enormes Potenzial zur Verbesserung von Services und Produkten, etwa durch den Einsatz völlig neuer sprach- oder bildbasierter Benutzerschnittstellen. Es sind die Berührungspunkte zwischen Mensch und Maschine, in die Unternehmen investieren müssen. Die Qualität dieser Schnittstellen ist dann entscheidend für die gelingende Kooperation. So bestimmt die Gestaltung von User Interfaces nicht nur die User Experience (UX), sondern auch das Maß der Synergie zwischen der „kalten“ Maschinenintelligenz und der „warmen“ menschlichen Intelligenz.

## HUMAN MACHINE LEARNING

In Bezug auf Produkte und Services rückt mit zunehmender Vernetzung das Thema UX immer stärker ins Zentrum. Wegweisend dabei ist die produktive Verknüpfung menschlicher und maschineller Intelligenz – denn Mensch und Maschine sind im Team erfolgreicher als für sich allein. In vielen kognitiven Bereichen werden Menschen daher zunehmend mit Maschinen zusammenarbeiten, und auch in Bezug auf Jobs, die Menschen überfordern (Roboter oder Computer aber nicht), werden Maschinen Neues ermöglichen.

# Was KI nicht wird lösen können sind Entscheidungen menschlicher Art – Entscheidungen, die mit Werten und Prioritäten jenseits von Optimierung zu tun haben.

Dieses Teamwork von menschlicher und künstlicher Intelligenz kann nur gelingen, wenn die Kommunikation zwischen Mensch und Maschine funktioniert. Und das heißt auch: wenn der Human Touch dabei den Ton angibt. Denn digitale Systeme können vieles leisten, von der Berechnung gesunder Lebenszeit für Versicherungskonzepte bis zur Ermöglichung sozialer Resonanz (vgl. **„Resonanz-Enabler“**, S. 112). Aber selbst wenn ein schlaues KI-System in der Lage ist, die Steuerung von Verkehrsströmen zu optimieren: Die Überfüllung von Städten mit Autos wird es nicht lösen können. Das erfordert Entscheidungen menschlicher Art – Entscheidungen, die mit Werten und Prioritäten jenseits von Optimierung zu tun haben.

Deshalb ist es heute wichtiger denn je, neue Kultur- und Soziotechniken zu erlernen und zu verbreiten, die uns gegen den digitalen Effizienzwahn immunisieren. Viele Unternehmen nutzen Digitalismus heute als Ersatzdroge für echte Sinnfragen – etwa indem sie mithilfe automatisierter Funktionen versuchen, sich Kunden vom Leib zu halten. Aber jedes Unternehmen ist letztlich ein komplexer Organismus und Komplexität braucht lebendige Beziehungen. Big Data kann helfen, wenn es um standardisierbare Prozesse, wie in der Diagnose von Krankheiten geht (vgl. **„Big Data Specialists“**, S. 109). Aber nichts ersetzt einen einfühlenden Arzt, weil Heilung immer auch auf menschlicher Beziehung beruht.

Zukunftsweisend ist deshalb die kluge Kombination von maschinellen und menschlichen Kompetenzen: eine aktive Rolle des Menschlichen im technologischen Entwicklungsprozess und ein neues Verständnis von smart, das die humane Dimension konsequent in den Designprozess von Soft- und Hardware integriert. KI ist bloß künstliche Dummheit, solange sie nicht im Sinne der richtigen Fragen (statt der falschen Antworten) entwickelt wird. Das gilt auch in Bezug auf das digitale Dauerthema Innovation: Immer wichtiger wird es, wieder zwischen besser und richtig differenzieren zu lernen, zwischen Innovationismus und echtem Fortschritt.

Unternehmen, die wirklich intelligente Future Products schaffen wollen, brauchen also zweierlei: Um ein optimales Nutzererlebnis zu erzeugen, müssen sie die Bedürfnisse und Verhaltensweisen der Nutzer kennen. Und sie müssen sich öffnen für einen kontinuierlichen und spielerischen Umgang mit Technologie, für eine Lernkultur, die sich von der Idee des Ankommens verabschiedet. An diesem Punkt können wir Menschen uns etwas von den lernenden Maschinen abschauen.

# Best Practice

## Boring Work Robotics

*Roboter übernehmen unsere Jobs? Gut so! Vor allem, wenn es um Jobs geht, die für Menschen besonders gefährlich, schwer oder eintönig sind – und wenn dabei Freiräume geschaffen werden für die eigentlichen menschlichen Kompetenzen.*

1

### SPOTMINI – VIERBEINIGER HELFER FÜR HAUSHALT & CO.

Das Robotik-Unternehmen Boston Dynamics sorgt regelmäßig mit spektakulären Videos seiner Maschinen für Aufmerksamkeit. 2019 soll der SpotMini erstmals auf den Markt kommen – das neueste, kleinste und leiseste Modell. Der vierbeinige Roboter ist 84 Zentimeter hoch, wiegt 30 Kilo und kann bis zu 14 Kilo tragen. Er orientiert sich mithilfe mehrerer Kameras, die ihm einen Rundumblick ermöglichen.

Durch verschiedene Zusatzgeräte wie einen Greifarm kann der SpotMini auf die persönlichen Bedürfnisse seiner Nutzer zugeschnitten werden. Seine Hauptaufgabe ist es, Menschen im Haushalt und bei alltäglichen Erledigungen zu helfen. So kann er etwa eine Spülmaschine ausräumen oder Plastikabfälle erkennen und entsorgen. Rutscht der SpotMini auf einer Bananenschale aus (wie Boston Dynamics in einem selbstironischen Video zeigt), kann er sich selbstständig wieder aufrichten.

Künftig könnte der flexible SpotMini auch in anderen Bereichen Einsatz finden. Große Potenziale sieht Gründer Marc Raibert in der Altenpflege: Hier könnten Roboter Menschen bei physisch belastenden Aufgaben unterstützen – und ihnen damit mehr Zeit für die eigentliche Pflege einräumen.

bostondynamics.com/spot-mini

### AUTONOMOUS ROBOTIC WEEDER – AUTONOMER UNKRAUTVERNICHTER

90 Prozent weniger Herbizide, keine Schädigung der Nutzpflanzen: Der Autonomous Robotic Weeder (ARW) des Schweizer Unternehmens ecoRobotix sorgt für eine nachhaltige Optimierung der Bewirtschaftung von Feldern, indem er die Ernte so gesund wie möglich hält – und Landwirte von manueller Schmutzarbeit befreit.

Mithilfe von GPS, einer Onboard-Kamera und verschiedener Sensoren analysiert der ARW den Boden, lokalisiert Unkräuter und gibt immer genau die Menge an Herbiziden ab, die benötigt wird. Das schont nicht nur die Umwelt, sondern auch den Geldbeutel. Das Gefährt passt seine Geschwindigkeit an die jeweilige Unkrautdichte an und erreicht eine Unkrauterkennungsrate von 85 Prozent. Insgesamt senkt der ARW damit die Kosten für die Bewirtschaftung um bis zu 30 Prozent gegenüber herkömmlichen Methoden.

1 SpotMini

1

Kontrolliert und konfiguriert wird der ARW über eine Smartphone-App, sodass keine parallele Steuerung oder Begleitung nötig ist. Die Solarmodule auf der Oberseite des Roboters ermöglichen eine autonome Arbeitszeit von bis zu 12 Stunden. 2019 soll der ARW zum Preis von 15.000 Franken (rund 13.500 Euro) auf den Markt kommen.

ecorobotix.com/en/autonomous-robot-weeder

2

## TALLY – DISKRETER INVENTUR-ASSISTENT

Ist mein Produkt noch auf Lager, ist es im richtigen Regal, korrekt bepreist und beschildert? Laut dem Robotik-Unternehmen Simbe kostet die Unwissenheit in diesen Fragen allein die globale Lebensmittelindustrie 920 Milliarden Dollar pro Jahr (vgl. simberobotics.com). Mit einer simplen Idee will die Firma dieses Retailproblem lösen: Ihr autonomer Roboter Tally durchfährt bei laufendem Betrieb Supermärkte und scannt die Regale, um seine menschlichen Kollegen über geringe Warenbestände, falsch einsortierte Produkte und fehlerhafte Preisauszeichnungen zu informieren.

Der Inventur-Roboter, der bereits testweise in Filialen amerikanischer Lebensmittelhändler eingesetzt wurde, kann zwar selbst keine Waren einräumen, sorgt aber für Transparenz über die Bestände – und verschafft den Mitarbeitern damit mehr Zeit für den Austausch mit Kunden. Tally selbst hält sich dagegen dezent zurück: Trotz seiner freundlich blinzelnden Comic-Augen auf dem Front-Screen ist eine Interaktion mit Menschen nicht vorgesehen. Der Roboter meidet größere Ansammlungen von Menschen – um die Kunden beim Einkaufen nicht zu stören.

simberobotics.com

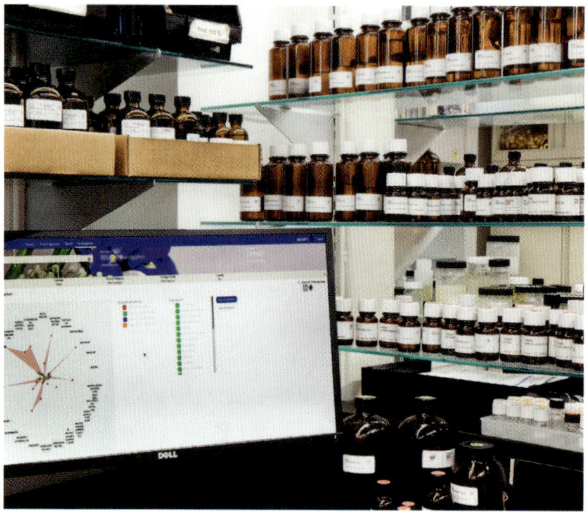

3

1 ecoRobotix
2 Tally
3 Symrise

## Big Data Specialists

*Geht es um die Analyse großer Datenmengen, sind Computer und smarte Algorithmen dem Menschen schon lange weit voraus. Das bietet auch große Chancen, um die Potenziale der menschlichen Kreativität besser zu erschließen.*

### SYMRISE – DUFTKREATIONEN AUF KI-BASIS

Der deutsche Dufthersteller Symrise hat mit einer KI aus dem Hause IBM zwei neue Parfüms für die Marke O Botáricio entwickelt, die 2019 auf den Markt kommen sollen. Die KI analysierte dabei sowohl die chemische Zusammensetzung der Parfüms in der Datenbank als auch Daten über deren jeweilige Käufergruppen und entwickelte daraus neue Kombinationen, – die schließlich von den Parfümeuren perfektioniert wurden.

„Die Parfümerie als Kunst besitzt eine lange Tradition und seit mehreren hunderten Jahren nutzen wir diesen Erfahrungsschatz", erklärt Symrise-Vizepräsident David Apel: „Ende des 19. Jahrhunderts revolutionierten die synthetischen Duftstoffe unsere Branche. Mit der Künstlichen Intelligenz überschreiten wir jetzt die nächste Schwelle."

Dabei schöpft die KI aus einer Vielzahl von Duftformeln aus 200 Jahren Parfümgeschichte, die sie neu zusammensetzt. Veredelt wird das Parfüm am Ende von einem Parfümeur, der dem Duft seine persönliche Note beifügen kann – wobei ihm der Einsatz der Technologie mehr Zeit verschafft, um sich kreativ zu entfalten.

symrise.com

### SUMMARIZEBOT – KI-PFADE DURCH DEN INFO-DSCHUNGEL

In Zeiten des Information Overkill wächst die verfügbare Nachrichtenmenge kontinuierlich und rasant an – und damit auch die Zahl an Informationen, die wir nicht mehr wahrnehmen können. Gerade der Versuch, größere Mengen an Informationen zu erfassen, verhindert oft eine sinnvolle und effiziente Aufnahme. Hier setzt die Technologie der Document Summarizing Bots an – zum Beispiel des SummarizeBots: Über ein Facebook-Messenger- oder Slack-Konto kann der Nutzer eine Datei oder einen Weblink an den Bot übermitteln, anschließend stellt die smarte Software in Sekundenschnelle eine Zusammenfassung des Textes bereit, basierend auf Keywords und Phrasen, die dem Leser helfen, die Kernaussagen zu verstehen.

Die auf Künstlicher Intelligenz (KI) und Blockchain-Technologie basierende Textzusammenfassung besetzt eine wichtige Schnittstelle zwischen maschineller und menschlicher Intelligenz – und fördert zugleich ihr Zusammenspiel: Der Mensch kann die maschinell erstellten Selektionen überblicksartig erfassen und ausgehend von dieser Quintessenz besser entscheiden, welche Texte sich tatsächlich in voller Länge zu lesen lohnen. So hilft die Technologie auch, das menschliche Einschätzungsvermögen zu trainieren.

summarizebot.com

### THE SKAN – SMARTER HAUTKREBS-DETEKTOR

Hautkrebs wird häufig zu spät erkannt – und trotz fehlender Beschwerden und nur geringer Größe können Melanome Metastasen in Lymphknoten und anderen Organen bilden. Ingenieure der kanadischen McMaster-Universität haben nun ein kostengünstiges Diagnoseinstrument entwickelt, das durch Früherkennung Leben retten kann: den sKan.

Das Gerät kann durch hochsensible Temperatursensoren, die auf der betroffenen Stelle platziert werden, gesundes Gewebe von krankem Gewebe unterscheiden. Das Di-

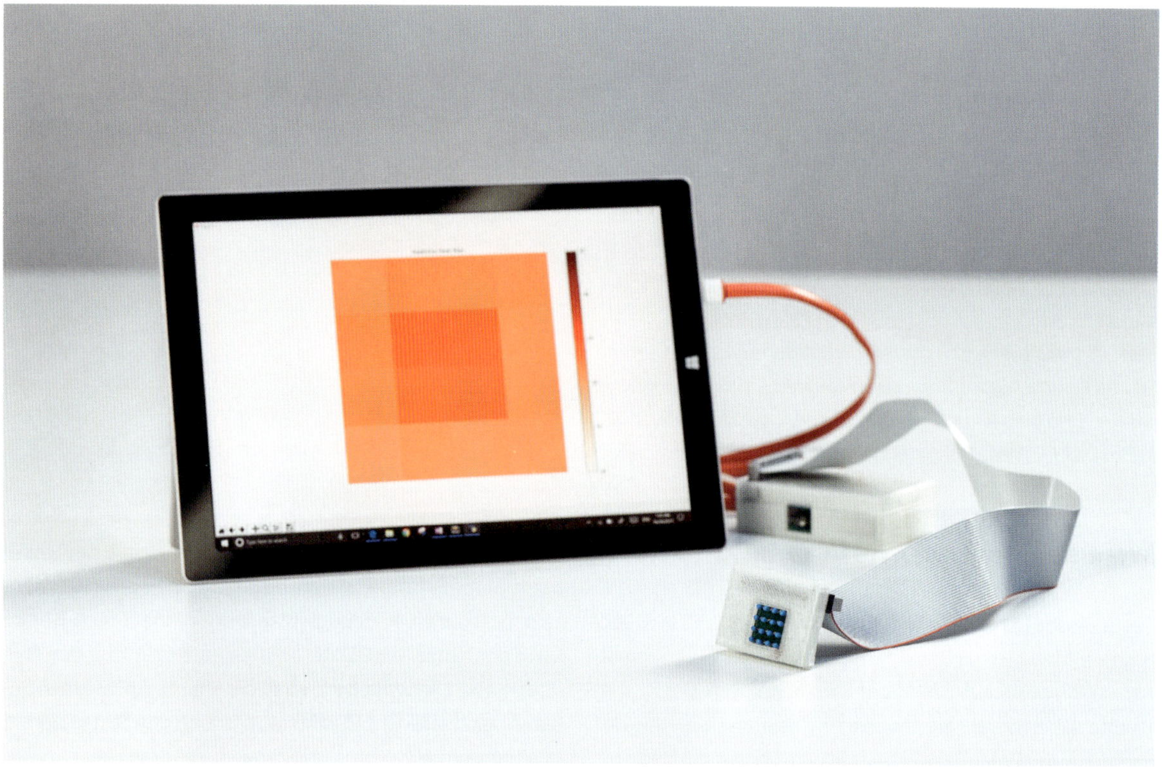

1

agnoseprinzip: Krebszellen haben einen schnelleren Stoffwechsel als gesunde Zellen und können daher nach einem thermischen Schock schneller erkannt werden – legt man etwa einen Eisbeutel auf die Haut, erreicht Krebsgewebe schneller wieder seine Ausgangstemperatur. Der sKan zeigt die gescannten Ergebnisse zusammen mit einer Erklärung als Heatmap und Temperaturdifferenzdiagramm – und ermöglicht so auch die Diagnose von Melanomen.

Zwar existieren nicht-invasive Wärmebildmethoden zur Melanom-Diagnose bereits, doch weil sie hochauflösende Wärmebildkameras benötigen, sind sie sehr teuer: Die Preisspanne beginnt ab rund 23.000 Euro. Die voraussichtlichen Kosten des sKan liegen dagegen unter 1.000 Dollar.

medium.com/dyson/the-skan-a-low-cost-skin-cancer-detection-device-engineered-to-end-misdiagnosis-c9a6beff3546

## QLAIR – MIT KI DIE LUFT VERBESSERN

Der Begriff Sick-Building-Syndrom (deutsch „Gebäudekrankheit") wurde bereits in den 1980er-Jahren geprägt für Erkrankungen, die auf schlechte Belüftung in Gebäuden zurückzuführen sind. Mit Hilfe von KI bietet die Plattform qlair nun eine zukunftsweisende Lösung für sauberes Luftmanagement: Basierend auf Echtzeitdaten, ermittelt das System die Luftqualität in Innenräumen sowie im Freien – und eruiert damit proaktiv das Gesundheitsrisiko.

Herkömmliches Luftqualitätsmanagement hat bisher stets reaktiv funktioniert: Es greift erst dann, wenn sich Bewohner oder Mitarbeiter über stickige Luft beschweren. Dabei gibt es bereits Sensoren, die ständig die Qualität der Luft messen – die Ergebnisse werden nur nicht ausgewertet,

1 sKan
2, 3 qlair

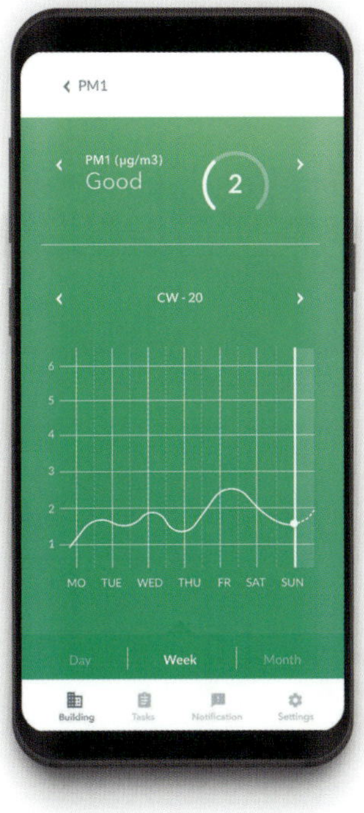


2

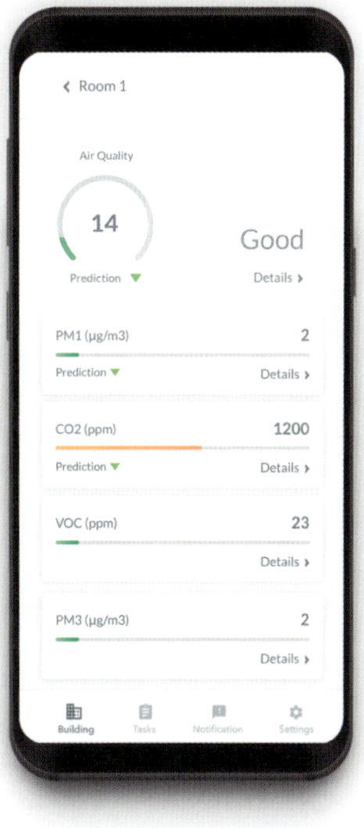


3

sodass Probleme oft nicht zielführend behoben werden können. qlair validiert eben diese Daten und arbeitet individuelle Empfehlungen aus, um die Luftqualität gezielt zu verbessern.

Eine optimierte Belüftungseffizienz und eine bessere Luftqualität wirken nicht nur positiv auf die Produktivität der Gebäudenutzer: Je ausgefeilter sich Belüftung, Beheizung und Klimatisierung am tatsächlichen Bedarf orientieren, umso mehr profitiert davon auch die Energiebilanz.

i-qlair.com

## ADA – DER DIAGNOSE-CHATBOT

Jeder kennt das: Bei aufkommenden Beschwerden wird zuerst das Internet befragt – und schnell stößt man dann auf fatale Krankheitsbilder, die häufig meist mehr als unwahrscheinlich sind. Die Techniker Krankenkasse (TK) bietet nun eine KI-basierte App an, mit der Patienten Krankheitssymptome in einer seriösen Quelle nachschlagen können.

„Ada funktioniert im Prinzip wie ein Chat", erklärt Martin Hirsch, Mitgründer des Unternehmens Ada Health, das die Software entwickelt hat: „Der Nutzer beantwortet Fragen zu seinen Symptomen, bis genügend Informationen für eine qualifizierte Einschätzung vorliegen." Die Anwendung informiert den Nutzer dann über mögliche Ursachen seiner Beschwerden und zeigt mögliche nächste Schritte wie etwa einen Arztbesuch auf. Außerdem sollen die Versicherten nach dem Symptomcheck die Möglichkeit haben, per Videochat mit einem Mediziner des TK-Ärztezentrums zu sprechen.

Ada kennt mittlerweile mehrere tausend Krankheiten und Symptome – und je mehr Fälle das System analysiert, desto schlauer wird es. Außerdem erfolgen kontinuierlich Kontrollen durch ein Ärzte-Team und externe Spezialisten. Anfang 2019 will die TK den Symptomcheck von Ada in die eigene App TK-Doc integrieren.

tk.de

1

2

## Resonanz-Enabler

*Resonanz ist ein zentraler Faktor für das konstruktive Zusammenspiel von Mensch und Maschine: Zukunftsweisende Produkte zielen darauf ab, lernende KI-Systeme sinnvoll und resonant in unsere Lebenswelten zu integrieren.*

### QTROBOT – KOMPAGNON FÜR KINDER MIT AUTISMUS

Das Luxemburgische Unternehmen LuxAI hat einen Assistenzroboter entwickelt, der den Alltag von Kindern, die unter Autismus leiden, erleichtert. Der 1,2 Meter große humanoide Roboter mit blauen Augen und einem freundlichen Gesicht hilft, Angstzustände zu reduzieren – und steigert die Aufmerksamkeitsfähigkeit um bis zu 25 Prozent. Das beigefügte Tablet regt Kinder zur Kommunikation an und gibt ihnen Feedback. Speziell auf autistische Symptome abgestimmte Lern-Apps helfen, soziale Fähigkeiten zu trainieren.

Hauptabnehmer des QTrobots sind Autismuszentren und Schulen, in denen ein starker Mangel an Therapeuten herrscht und die Kosten für eine ausreichende Betreuung autistischer Kinder besonders hoch sind. Hier hilft der Roboter, die Austismustherapie zugänglich zu machen für die Standardtherapie: Er unterstützt Pfleger, die nicht auf die Krankheit spezialisiert sind, erhöht die Servicekapazität – und reduziert damit auch die Kosten um das Vierfache.

luxai.com/qtrobot

### HONDA 3E ROBOTICS – LERNENDE MASCHINEN ALS ALLTAGSHELFER

Honda will mit seiner Vision 3E (Empower, Experience, Empathy) aufzeigen, wie Maschinen in Interaktion mit Menschen lernen – und dabei auch empathischer werden können. Das 3E Robotics Concept umfasst vier Assistenzroboter, die jeweils eine spezifische Funktion erfüllen. Von besonderer Bedeutung ist dabei das Modell 3E-A18, das im ständigen Austausch mit dem Nutzer lernt und ihm bei alltäglichen Erledigungen zur Seite steht. Mit seinen ausdrucksstarken Merkmalen könnte es zum Beispiel als Museumsführer, Hotelrezeptionist oder Einkaufsassistent agieren.

Das einsitzige Mobilitätskonzept 3E-B18 ist dagegen konzipiert als ein Alltagsbegleiter, der auch Koffer oder schwere Gegenstände transportieren kann. Der 3E-C18 wiederum verfügt über einen Laderaum sowie eine ausfahrbare Oberfläche, die ihn in einen mobilen Warenstand für Straßenhändler verwandeln. Und der autonome Geländewagen 3E-D18 hilft bei härteren Fällen, etwa bei Bergungsarbeiten, bei der Brandbekämpfung oder in der Landwirtschaft.

Was jedoch alle vier Robo-Typen eint, ist das Zusammenspiel von Mensch und Maschine: die Vision einer Ge-

1, 2 QTrobot
3 Honda 3E Robotics
4 Care-O-bot

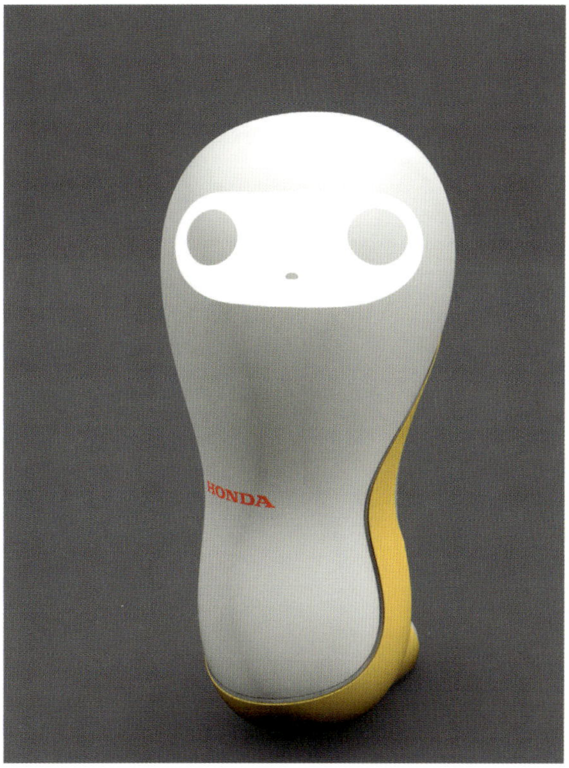


3

4

sellschaft, in der Robotik und KI die Menschen verstehen und unterstützen.

global.honda/innovation/CES/2018.html

## CARE-O-BOT – DER ROBO-GENTLEMAN

Care-O-bot ist ein mobiler Roboterassistent, der konzipiert wurde, um Menschen bei täglichen Erledigungen in ihrem Zuhause zu unterstützen. Entwickelt vom Fraunhofer-Institut für Produktionstechnik und Automatisierung (IPA) existiert der Roboter bereits in vierter Generation. Der Care-O-bot 4 verfügt über patentierte Kugelgelenke, die ihm maximale Agiliät und Expressivität ermöglichen, und dank seines modularen Systems ist er in verschiedensten Bereichen einsetzbar. So kann etwa für das Servieren von Getränken eine Hand durch ein Tablett ersetzt oder die mobile Basis als Servierwagen genutzt werden.

Generell ist für interaktive Serviceroboter die soziale Komponente von besonderer Bedeutung. Der Care-O-bot 4 kann daher je nach Situation mehrere Stimmungen über sein im Kopf integriertes Display anzeigen – und soll sich dabei stets so freundlich und sympathisch wie ein Gentleman verhalten.

Die Vision des IPA ist eine Plattform für unterschiedlichste Care-O-bot-Anwendungen – etwa als Butler für Hol- und Bringdienste in Heimen oder Büros, als Security-Helfer oder als mobiler Informationskiosk in Museen, Baumärkten oder Flughäfen.

care-o-bot.de

# „Wir sind Robotic Immigrants."

**EXPERTE**

## Interview mit Dominik Bösl, Corporate Innovation Manager und Vice President Consumer Driven Robotics der KUKA, über den Alltag in einer robotisierten, automatisierten Zukunft.

**Dominik Bösl**
ist als Vice President Consumer Driven Robotics/Corporate Innovation Manager und Technology Owner „Apps, Cloud & IoT" bei der KUKA AG verantwortlich für Innovations- und Technologiemanagement.

**Herr Bösl, das Zeitalter der Roboter bricht an. Für die Visionäre sind Robotik und KI eine Verheißung, für die Kritiker eine Katastrophe – wer hat Recht?**
Dominik Bösl: Die Wahrheit liegt dazwischen. Es gibt viele gute Gründe, warum Automatisierung in Zukunft noch wichtiger werden wird. Die globale Überalterung der Gesellschaft und der damit verbundene Arbeitskräftemangel können in einigen Bereichen nur durch Automatisierungstechnologien kompensiert werden. Natürlich bergen disruptive Technologien immer auch Risikopotenzial. Wichtig ist, dass wir in Bezug auf Robotik und Automatisierungstechnik differenzieren: Wir müssen uns für den verantwortungsvollen Umgang mit Technologie einsetzen und genau hinhören, wo die Bedenken in der Gesellschaft liegen. Gleichzeitig dürfen wir aber nicht überdramatisieren und aus Angst vor einer Robocalypse erstarren. Verantwortungsvoller Umgang mit Technologie bedeutet, einen kritischen, faktenbasierten Diskurs zu führen und die Auswirkungen auf alle Gesellschaftsbereiche und auf alle Teile der Welt adäquat abzuwägen.

**Wo können Sie sich in Zukunft Roboter vorstellen? Welche Branchen und Nischen werden als erstes von Robotern bevölkert?**
Prinzipiell werden Robotik und Automatisierungstechnologien, dazu zähle ich auch Smart Machines, Assistenzsysteme oder virtuelle Assistenten, alle Lebensbereiche durchdringen – und bereichern. Ich glaube fest daran, dass wir bereits Robotic Immigrants sind und unsere Enkelkinder als erste Generation R, als Robotic Natives, aufwachsen werden. Automatisierung wird alltäglich sein – egal ob in Form von selbstfahrenden Mobilitätslösungen, Roboterassistenten im Haushalt, Roboterspielzeug, automatisierten Möbeln oder vielleicht eines Tages durch einen gutmütigen Roboterbutler, wie wir ihn schon aus der Zeichentrickserie „Die Jetsons" kennen. Zunächst wird uns Robotik immer mehr unterstützen, insbesondere in der Industrie, wo sich Mensch-Maschine-Kollaboration durchsetzen wird. Von dort werden Roboter in Bereichen der sogenannten professionellen Servicerobotik Einzug halten: im Büro, in öffentlichen Gebäuden, in Krankenhäusern und Pflegeeinrichtungen. Diese Lösungen werden mit der Zeit immer verfügbarer und innerhalb der nächsten Jahre bereits hilfreiche Stützen wer-

den – gerade im Reha- und Altenpflegebereich. Von dort ist der Weg in die Haushalte nicht mehr weit.

**Was können Roboter besser als der Mensch, was können sie nicht?**
Roboter waren bisher zu einem tristen Leben in Käfigen verdammt. Industrieroboter, wie sie in den vergangenen Jahrzehnten etwa in der Automobilindustrie eingesetzt wurden, waren große, schwere, schnelle, aber auch potenziell gefährliche Maschinen. Deswegen waren Roboter und Mensch bisher durch einen Schutzzaun voneinander getrennt. Diese Roboter waren darauf getrimmt, sehr schnell, effizient und höchstgenau Bewegungen immer und immer wieder zu wiederholen. Sie waren nicht flexibel genug, um jetzt eine Schweißnaht zu setzen, später eine Schraube einzudrehen und danach ein Bauteil zu polieren. Dafür war jedes Mal eine Neuprogrammierung nötig. Die meisten Roboter waren bisher also nicht sonderlich adaptiv und können bis heute keinesfalls als kreativ oder gar intelligent bezeichnet werden. Genau das sind aber die Stärken des Menschen: unsere Wahrnehmung, die Kreativität, Erfahrung und Intelligenz. Das sind Eigenschaften, die Maschinen noch lange nicht und vielleicht nie abbilden werden können.

**Der Science-Fiction-Autor Isaac Asimov formulierte die Regel, Roboter müssten immer im Dienst des Menschen handeln. Wie können wir das sicherstellen?**
Das Problem mit den Asimovschen Robotergesetzen ist, dass sie von autonom und intelligent entscheidenden Systemen ausgehen. Diesen Grad an Autonomie werden wir aber so schnell nicht erreichen. Bisher sind selbst die modernsten selbstfahrenden Autos noch meilenweit davon entfernt, selbstständig und intelligent Entscheidungen zu treffen. Daher werden wir für die Zwischenzeit eine Alternative benötigen. Aus meiner Sicht ist die Diskussion über Technology und Robotic Governance ein vielversprechender Ansatz. Robotic Governance möchte eine vielschichtige Diskussion der Auswirkungen von Automatisierung auf die Gesellschaft anstoßen, und zwar ethisch, moralisch, soziopolitisch, -kulturell, -ökonomisch etc.

## Wahrnehmung, Kreativität, Erfahrung Intelligenz. Das sind Eigenschaften, die Maschinen noch lange nicht abbilden werden können.

**Blicken wir 30 Jahre in die Zukunft: Wo begegne ich in meinem Alltag Robotern? Welche Funktionen übernehmen intelligente Maschinen?**
Ich glaube, dass wir überall Automatisierungslösungen – sowohl in Software als auch Hardware – begegnen werden: Selbstfahrende Mobilitätslösungen werden uns helfen, von A nach B zu kommen; Post und Pakete werden automatisiert ausgeliefert; im Alter helfen uns Assistenten, möglichst lange selbstständig, mobil und aktiv in unserer gewohnten Umgebung zu leben und ohne Einschränkungen am Alltag teilzunehmen. Dabei werden die Systeme – im Gegensatz zu heute – immer vielseitigere Aufgaben übernehmen können. Wir werden nicht mehr einen Staubsaugerroboter und einen Rasenmähroboter, einen Dachrinnenreiniger, einen Fensterwischer etc. benötigen, sondern ein System wird mehrere Aufgaben erledigen. Robotik wird jeden Bereich unserer Arbeits- und Lebenswelt durchdringen.

# THESE 8

**STEALTH HEALTH**

# Nach Wearables kommen nun Disappearables: smarte, beinahe unsichtbare Alltagshelfer, die die Gesundheit erhalten, wiederherstellen oder optimieren.

# Stealth Health: Unsichtbare Gesundheitsoptimierer

**Nach Wearables kommen nun Disappearables: smarte, beinahe unsichtbare Alltagshelfer, die die Gesundheit erhalten, wiederherstellen oder optimieren.**

**„Die tiefgreifendsten Technologien sind solche, die verschwinden. Sie weben sich in den Stoff des Alltags ein,** bis sie von ihm nicht mehr zu unterscheiden sind." Diese Aussage des IT- und Kommunikationswissenschaftlers Mark Weiser scheint nun, fast drei Jahrzehnte nach ihrer Veröffentlichung, Wirklichkeit zu werden – in Form einer neuen Generation von Wearables. Dienten die am Körper getragenen Devices lange Zeit als zur Schau getragene Prestigeobjekte, heißt es in Zukunft: je unsichtbarer, desto besser.

Das gilt insbesondere für die Fitness- und Gesundheitsbranche. **Längst ist die Gesundheit selbst zum eigentlichen Statussymbol avanciert,** zu einem prägenden Faktor für sozialen Status und das individuelle Selbstverständnis. Tragbare Self-Tracking-Tools wie Fitnessarmbänder und digitale Anwendungen für Smartphones fungieren dabei zunehmend als möglichst unsichtbare, digitale Gesundheitsmanager, die körperliche Aktivität und Vitaldaten dokumentieren.

In den kommenden Jahren wird der globale Umsatz für medizinische Wearables rasant anwachsen: von aktuell 5,46 Milliarden Euro auf geschätzt 12,64 Milliarden Euro im Jahr 2022 (vgl. Research and Markets 2018). In einer Gesellschaft, in der Gesundheit zunehmend als Normalzustand und zentrales Lebensziel gilt, erfüllen tragbare Health-Tools unterstützende und begleitende Funktionen – ohne sich dabei in den Vordergrund zu drängen.

## INTERNET OF DISAPPEARABLES

Die steigende Unauffälligkeit und Heimlichkeit (engl. „stealth") derartiger Produkte lässt sich auf unterschiedliche Entwicklungen zurückführen. In technologischer Hinsicht ermöglichen neue Fortschritte die zunehmende Konnektivität und Miniaturisierung von Bauteilen: Informationen, die früher in großen Prozessoren verarbeitet werden mussten, passen heute auf einen Mikrochip und sind daher leichter zu verbergen. Zugleich erlauben neue, intelligente Materialien und Textilsensoren, dass sich bloße Kleidungsstücke zu smarten Datenplattformen entwickeln.

So formiert sich mit dem Internet der Dinge ein rasant wachsendes globales Netzwerk onlinefähiger, potenziell unbegrenzt verknüpfbarer Produkte, die neue Big-Data-Dimensionen erschließen. **Diese gigantischen Mengen an Gesundheitsdaten, die zunehmend von unauffälligen Sensoren generiert werden, bieten auf lange**

**Je älter eine Gesellschaft, umso größer ist der Bedarf an Gesundheitsoptimierern.**

**Sicht die Chance, einen medizinischen Paradigmenwechsel einzuläuten:** weg von der rein prädiktiven Medizin, die lediglich die Wahrscheinlichkeit von Krankheiten vorherzusagen vermag, hin zu einer präskriptiven Medizin, die vorbeugende Maßnahmen einleiten und Krankheiten auf Basis vorliegender personalisierter Langzeitdaten proaktiv verhindern kann. In diesem Zusammenhang wächst auch die Bereitschaft – vor allem bei jüngeren Menschen –, die eigenen, selbst aufgezeichneten Gesundheitsdaten mit Ärzten oder Krankenversicherungen zu teilen (vgl. IfD-Allensbach 2016, YouGov 2017).

## DER MÜNDIGE PATIENT

In digitalisierten Zeiten ist Gesundheit nicht länger ein Zustand, über den nur medizinisches Fachpersonal urteilen kann. Mit sinkenden Zugangsbarrieren zu Gesundheitsinformationen wachsen individuelle Eigenverantwortung und Gesundheitskompetenz, das individuelle Gesundheitsmanagement tritt ins Zentrum. Damit orientiert sich auch das Design der tragbaren Gesundheitsoptimierer immer weniger an einer klinisch-unpersönlichen Optik und an der kalten Haptik medizinischer Instrumente. Ins Zentrum von Health Tech und Health Wearables rückt die Nutzerfreundlichkeit: **Patienten werden zu Konsumenten, die sich an einer ansprechenden und zugleich zurückhaltenden Ästhetik sowie intuitiv verwendbaren Interfaces erfreuen sollen.**

Dazu zählt auch, nicht durch klobige Apparaturen oder komplizierte Verkabelung an das eigene gesundheitliche Monitoring – oder möglicherweise die chronische Krankheit – erinnert zu werden. Als Disappearables integrieren sich die neuen Wearables vielmehr nahtlos und diskret in den Alltag der Endverbraucher, um ihre Lebensqualität zu erhöhen. Insbesondere für die Generation 65plus sind Disappearables attraktiv. Schließlich lebt die Silver Society nicht nur gesünder und fitter als je zuvor, sie zeigt sich auch überaus aufgeschlossen gegenüber Digital-Health-Innovationen. Und: je älter eine Gesellschaft, umso größer ist der Bedarf an Gesundheitsoptimierern.

Auch das trägt dazu bei, dass die Akzeptanz von Wearables bei Verbrauchern in den vergangenen fünf Jahren deutlich angestiegen (vgl. Gartner 2018) ist. Auch in den kommenden Jahren ist mit einem weiteren signifikanten Anstieg an Nutzerzahlen zu rechnen – und mit einer noch größeren Angebotsvielfalt an unsichtbaren Alltagsbegleitern.

## NEUE TECHNIK FÜR NEUE HERAUSFORDERUNGEN

Ein steigendes Gesundheitsbewusstsein bedeutet nicht zwingend, dass gesundheitliche Beschwerden rückläufig sind. Im Gegenteil: Chronische Krankheiten des Muskel-

# Disappearables werden zu unsichtbaren Helfern – versteckte Wearables, die das tägliche Leben optimieren.

Skelett-Systems, kardiovaskuläre Erkrankungen wie Bluthochdruck oder Herzinfarkte, Übergewicht sowie psychische Beschwerden prägen nach wie vor die moderne stressgeplagte und alternde Gesellschaft. Insbesondere die steigende Verbreitung der chronischen Stoffwechselkrankheit Diabetes bereitet Medizinern Sorge (vgl. WHO 2018).

Bei all diesen Krankheiten können unsichtbare Wearables zunächst als Präventivmaßnahme die medizinische Langzeitkontrolle von Risikopatienten vereinfachen – und dem Nutzer selbst eine ansprechende und leicht verständliche Übersicht über seinen Gesundheitszustand ermöglichen. So protokollieren **Health-Tracking-Produkte** (siehe S. 123) auf möglichst unauffällige Weise essenzielle Vitalwerte und leiten sie auf Wunsch an den persönlichen Facharzt weiter.

Medizinische Disappearables erlauben jedoch nicht nur eine präzise Kontrolle, sie erleichtern bisweilen auch die Medikamenteneinnahme. Ein zukunftsweisendes **Medication Management** (siehe S. 121) hilft, Arzneien auf innovative und unauffällige Weise zu verabreichen, etwa in Form von intelligenten Tabletten, über unsichtbare Pflaster oder über die Kleidung. Auf diese Weise lässt sich die Lebensqualität von Patienten, die bislang oft auf invasive und auffällige Apparaturen angewiesen waren, erheblich steigern.

Erhöhte Achtsamkeit, ein bewussterer Lebensstil und Stressreduktion im Alltag: Ein gesteigertes persönliches Wohlbefinden kann helfen, stressbedingte Beschwerden gar nicht erst entstehen lassen. Disappearables werden hier zum unsichtbaren Helfer des **Mindful Monitoring** (siehe S. 124) – als versteckte Wearables, die das tägliche Leben optimieren. Eine Schlüsselrolle spielt dabei ausreichend körperliche Aktivität: Smarte Textilien und intelligente Apps auf KI-Basis können dazu beitragen, die Freude an der Fitness zu erhöhen – ähnlich einem Personal Trainer.

Diese wachsende Achtsamkeit zeigt sich auch bei der generellen Nutzung digitaler Devices: Der Trend entwickelt sich weg vom Always-on-Mantra, weg vom permanenten Starren auf Bildschirme und Kontrollieren von Werten, und hin zu einer neuen Balance zwischen technologischen Möglichkeiten und Reizüberflutung. Disappearables fügen sich dabei als intelligente Gesundheits-Gadgets in den Alltag ein – so nahtlos, dass wir die Technik fast vollständig vergessen.

# Best Practice

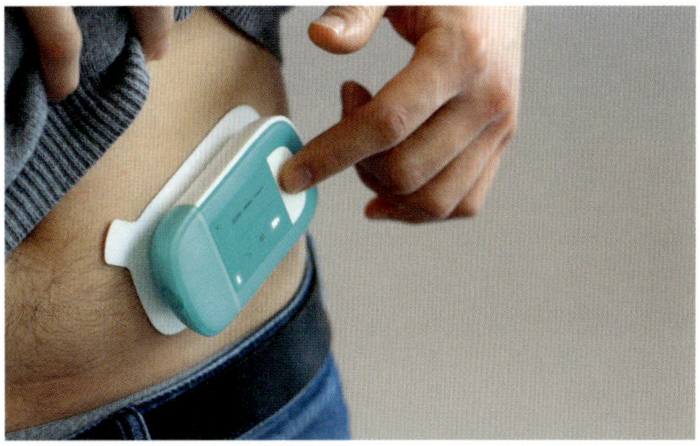

1

2

## Medication Management

*Die regelmäßige und rechtzeitige Einnahme von Medikamenten gehört zum Alltag vieler Menschen. Innovative Disappearables unterstützen Patienten dabei, Medikationsfehler zu vermeiden und ein möglichst unbeschwertes Leben zu führen.*

### SENSEPATCH – PUMP UP THE MEDS

Das Schweizer Technologieunternehmen Sensile Medical AG gilt als weltweiter Vorreiter im Bereich innovativer Dosierungs- und Verabreichungslösungen von Arzneimitteln. Sein neuestes Produkt ist eine konnektive Patch-Pumpe, die eine langsame und kontrollierte subkutane Verabreichung flüssiger Medikamente erheblich erleichtern kann. Das tragbare Arzneimittelgerät wird mit einem Pflaster direkt auf die Haut geklebt und verfügt über einen großen Knopf, der auch über der Kleidung bedient werden kann, sodass die Medikation diskret und für andere unsichtbar erfolgt.

Als erstes Gerät seiner Art verwendet das Wearable eine wiederverwendbare motorisierte Komponente und Einwegkartuschen. Anders als bei herkömmlichen Technologien werden so nur minimale Abfälle erzeugt – und zugleich die Behandlungskosten gesenkt. Darüber hinaus setzt sich das freundlich-moderne Design der Patch-Pumpe von der oft kalten Ästhetik klassischer medizinischer Geräte ab, was ebenfalls zu einem angenehmeren Nutzungserlebnis beiträgt.

sensile-medical.com/solutions

### SELF-CARE-FASERN – MEDIKAMENTE ZUM ANZIEHEN

In Kooperation mit dem Textilverband Swiss Tex haben Forscher der Eidgenössischen Materialprüfungs- und Forschungsanstalt (Empa) Textilfasersysteme entwickelt, die medizinische Wirkstoffe über die Haut direkt in den Körper abgeben können. Die Fasern bestehen aus smarten und biologisch abbaubaren Polymeren, in die beispielsweise Antibiotika oder Schmerzmittel integriert werden können. Die Medikamentenabgabe wird dabei genau auf die individuellen Anforderungen der Patienten abgestimmt. Zugleich reagieren die Fasern auf externe Umgebungsreize, etwa eine Veränderung des pH-Wertes der Haut sowie auf Temperatur, Licht oder Druck – Daten, die für eine kontrollierte Freisetzung der Wirkstoffe genutzt werden können.

Die Einsatzbereiche der Self-care-Fasern sind nahezu grenzenlos: Von intelligenten Pflastern und Verbänden bis hin zu biomedizinischen Kleidungsstücken, die die alltägliche Medikamenteneinnahme nicht-invasiv und diskret übernehmen. Die Vorteile liegen auf der Hand: eine erhöhte Lebensqualität der Patienten – und eine Entlastung des medizinischen Pflegepersonals.

empa.ch/de/web/s604/medication-you-can-wear

1 SensePatch
2 Empa

1

**ABILIFY MYCITE –
NACHRICHT VON DER TABLETTE**

Habe ich meine Medikamente heute schon eingenommen? Mit Abilify MyCite hat die US-amerikanische Arzneimittelbehörde nun erstmals eine Tablette zugelassen, die diese Frage selbst beantworten kann. Sie verfügt über einen verdaulichen Sensor in Größe eines Sandkorns, der bei Kontakt mit Magensäure aktiviert wird und Signale an ein dazugehöriges Pflaster sendet, das der Patient trägt. Das Pflaster protokolliert Datum und Uhrzeit sowie weitere Daten, etwa den Aktivitätslevel des Patienten. Die Informationen lassen sich anschließend mit einer speziellen App auf Mobilgeräten auslesen.

Hersteller des Medikaments ist das japanische Unternehmen Otsuka Pharmaceutical, das Tabletten mit dem enthaltenen Wirkstoff Aripiprazol zur Behandlung von Schizophrenie, Depressionen und bipolaren Störungen vertreibt. Die Sensorik wird von der US-Firma Proteus Digital Health produziert. Künftig soll der Sensor auch mit weiteren Wirkstoffen kombiniert werden. Dann könnten auch Menschen mit Diabetes oder Bluthochdruck diese Form des Medication Management nutzen. In Deutschland ist die smarte Pille allerdings noch nicht zugelassen.

abilifymycite.com

1 Abilify MyCite
2 Tufts School of Engineering

## Health Tracking

*Die Überwachung und Protokollierung von Körperwerten ist oft essenziell für eine erfolgreiche Diagnostik und Therapie – kann jedoch auch schnell lästig werden. Disappearables können ein zuverlässiges Monitoring des Gesundheitszustandes gewährleisten, das für Außenstehende unsichtbar ist.*

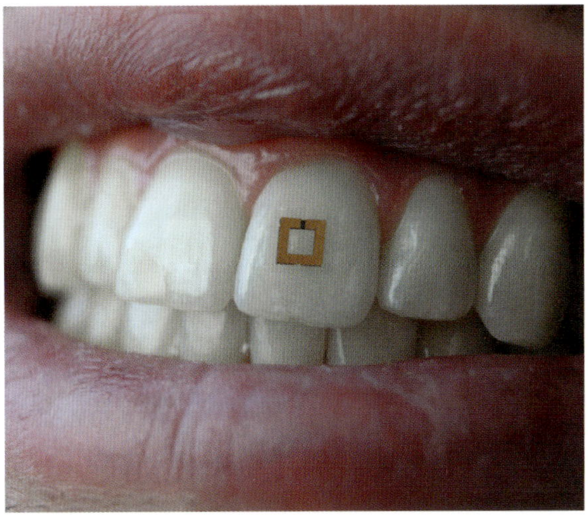

2

### ZAHN-SENSOR – AUF DEN ZAHN GEFÜHLT

Wissenschaftler der US-amerikanischen Tufts School of Engineering entwickeln momentan einen unsichtbaren Ernährungsberater: Ein zwei Millimeter großer Sensor, der direkt am Zahn angebracht wird und sich an dessen Oberfläche anpasst. Das diskrete Wearable besteht aus drei Gold-Schichten, die bei der Nahrungsaufnahme auf chemische Inhaltsstoffe reagieren und die Informationen dann über Radiowellen an ein mobiles Gerät senden, wo sie ausgewertet werden.

Im Vergleich zu bereits existierenden Ernährungs-Trackern wäre der Zahn-Sensor eine Revolution. Apps wie MyFitnessPal oder Yazio sind auf das manuelle, präzise und ehrliche Protokollieren von Mahlzeiten angewiesen – der Zahn-Sensor lässt darauf hoffen, dass Ernährungspläne und mühsames Kalorienzählen bald der Vergangenheit angehören. Auch die medizinische Begleitung chronischer Krankheiten und Unverträglichkeiten könnte auf diese Weise erheblich erleichtert werden.

Einziger Haken: Derzeit ist der Prototyp noch nicht präzise genug, was die Menge der aufgenommenen Nahrung angeht, und der Sensor kann bislang lediglich drei Inhaltsstoffe erkennen – Glukose, Salz und Alkohol.

now.tufts.edu/news-releases/scientists-develop-tiny-tooth-mounted-sensors-can-track-what-you-eat

### CARDIOSKIN – SHIRT MIT HERZ

Im Sommer 2018 brachte die französische Firma WeHealth Cardioskin ein ambulantes Wearable auf den Markt, dessen Textilfasern die Elektrokardiogramm-Messung mithilfe von 15 eingewobenen Elektroden übernehmen. Das smarte Baumwollshirt erinnert an ein herkömmliches Unterhemd, das unter der normalen Kleidung getragen werden kann – und damit deutlich mehr Tragekomfort bietet als herkömmliche Langzeit-EKGs mit aufwendiger Verkabelung. Das Monitoring ist zeitlich nicht limitiert und kann daher Abnormalitäten auch über einen längeren Zeitraum diagnostizieren. Cardioskin überträgt die Daten in Echtzeit und auch für Laien verständlich an die zugehörige mobile App sowie an den Kardiologen und speichert die Informationen zugleich in einer intelligenten cloudbasierten Plattform. Zusätzlich können Patienten wahrgenommene Symptome wie Herzrasen, Schwindel oder Übelkeit in der App festhalten und so die Diagnose erheblich erleichtern.

wehealthbyservier.com

1

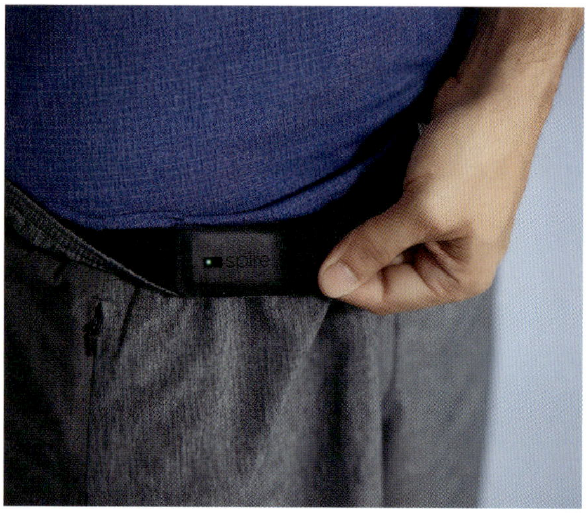


2

## Mindful Monitoring

*In einer immer hektischer werdenden Welt erinnern Disappearables ihre Nutzer daran, Gesundheit und Wohlbefinden nicht aus den Augen zu verlieren – und unterstützen sportliche Aktivitäten als Ausgleich zum stressigen Alltag.*

### MARY – KLUGER KÄFER

Rein äußerlich ist MARY ein fröhlicher Stoff-Marienkäfer. Bei genauerem Hinschauen entpuppt er sich jedoch als smarter und kindgerechter Vitalmonitor: Die Applikation wird mit einem Klettverschluss an der Kleidung befestigt und überwacht über medizinische Sensoren Atmung, Herzschlag, Schlafposition, Bewegungen und Körpertemperatur von schlafenden Kindern. Sobald MARY Unregelmäßigkeiten feststellt, etwa einen raschen Temperaturanstieg oder Auffälligkeiten bei der Atmung, schlägt das Gerät am elterlichen Smartphone Alarm.

Während ein klassisches Babyfon lediglich die akustische Kontrolle aus nicht allzu weiter (Funk-)Entfernung zulässt, erlaubt MARY auch von Ferne ein sehr viel detaillierteres Monitoring – und damit eine erhöhte Sicherheit im Kinderzimmer.

sticklett.com

### SPIRE HEALTH TAG – ANTI-STRESS-STICKER

Der dunkelgraue Filz-Patch Spire Health Tag lässt sich unauffällig an der Innenseite von Kleidungsstücken anbringen und steckt voller Sensoren, die im Alltagsstress und bei nächtlicher Unruhe helfen sollen. Sie messen Atmung, Herzfrequenz, Kalorienverbrauch sowie Schrittzahl und merken automatisch, wenn wir von einer Ruhephase in den Sport- oder Schlafmodus umschalten. Die Daten werden via Bluetooth an die zugehörige App gesendet, auf der sich die biometrischen Daten in Echtzeit verfolgen lassen. Der Health Tag signalisiert dabei auch, ob sich die Werte im Normalbereich befinden oder ob sie auf ein erhöhtes Stresslevel hindeuten. In letzterem Fall bietet die App spielerische Atem- und Entspannungsübungen an, die den Nutzer wieder zur Ruhe bringen sollen.

spire.io

1 MARY
2 Spire Health Tag
3 Upright Go
4 Nadi X

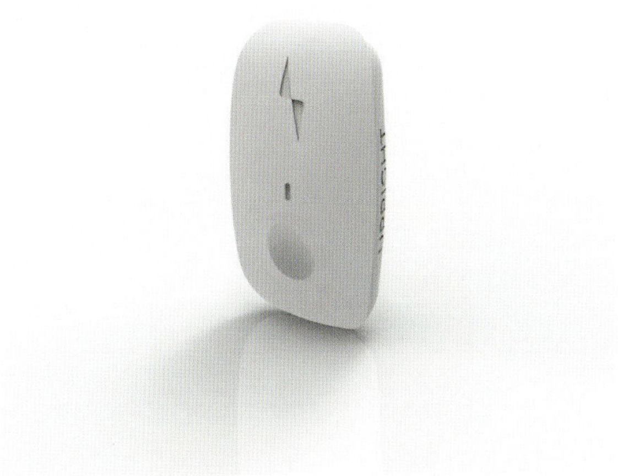

3

4

## UPRIGHT GO – AUFRECHTER SITZEN

Durchschnittlich sitzt jeder Deutsche sieben Stunden am Tag, sei es bei der Arbeit, im Auto oder auf der heimischen Couch. Die vorgebeugte Körperhaltung beim Blick auf das Smartphone, das sogenannte Screen Slouching, belastet die obere Halswirbelsäule zusätzlich. Der intelligente Haltungstrainer Upright Go soll nun beim Volksleiden Nummer eins Abhilfe schaffen: Einmal am oberen Rücken befestigt, signalisiert das ergonomisch geformte weiße Rechteck dem Träger mittels sanfter Vibration, sobald er eine potenziell rückenschädigende Position einnimmt, und animiert so zum Geradesitzen.

Das Gadget wird direkt auf der Haut angebracht und verschwindet für andere unsichtbar zwischen den Schulterblättern. Außerdem zeichnet Upright Go die Haltung über einen längeren Zeitraum auf und sendet die Daten via Bluetooth an die dazugehörige App. Da eine gerade Rückenhaltung allein auf Dauer nicht ausreichend ist, konzipiert Upright Go auf Basis der aufgezeichneten Daten zudem einen personalisierten Trainingsplan.

uprightpose.com

## NADI X YOGA PANTS – YOGA OHNE YOGI

Das australische Startup Wearable X mit Sitz in New York hat eine smarte Leggins entwickelt, die künftig Yogalehrern Konkurrenz machen könnte: Nadi X heißt die aus Mesh bestehende Sporthose, deren eingewobene Sensorik die eingenommenen Yoga-Posen identifiziert und Hobby-Yogis über leichte Vibrationen in die korrekte Haltung bringt. Damit soll auch Gelenkschmerzen und -schäden, die aus falsch ausgeführten Haltungen resultieren können, vorgebeugt werden. Der unsichtbare Yogalehrer ist in Form von sogenannten Accelerometern an Knien, Fußgelenken und im Hüftbereich angebracht. Über ein Bluetooth-Modul sendet Nadi X die Trainingsergebnisse an die zugehörige App, die den Leistungsfortschritt aufzeichnet und auswertet. Unterstützung erhielten die Entwickler rund um CEO Billie Whitehouse von 50 erfahrenen Yogis aus aller Welt. Trotz der versteckten Technologie ist Nadi X waschmaschinen- und trocknergeeignet. Günstig ist Nadi X allerdings nicht: Die High-Tech-Hose kostet um die 250 Dollar. Namaste!

wearablex.com

1

2

## SUPA WEARABLES & APP – DIE TOKENISIERUNG DES KÖRPERS

Das KI-Start-up SUPA hebt Health- und Fitness-Wearables auf ein neues Level. Das Herzstück der Wearables-Linie ist der Reaktor: ein Knopf in Größe eines Zwei-Euro-Stücks, der Kleidungsstücke zu voll empfangsfähigen Sensoren aufwertet und künftig auch in die Bekleidungslinien anderer Sportartikelhersteller integriert werden soll. Als Teil der eigenen smarten Modekollektion hat SUPA zudem einen Sport-BH aus Neopren auf den Markt gebracht, dessen intelligente Fasern über den Reaktor die Herzfrequenz messen.

Der eigentliche Clou von SUPA besteht allerdings in der gleichnamigen kostenfreien App, die die gemessenen Daten – etwa Herzschlag und Laufstrecke beim Joggen – auf KI-Basis auswertet und personalisiertes Performance- und Gesundheits-Feedback gibt. User können die App zudem mit ihrer Smartwatch oder einem anderen Wearable verbinden, um umweltspezifische, biometrische oder sogar genetische Informationen zu speichern. Alle nach 1996 Geborenen können sich mit der Weitergabe ihrer Daten Wertpunkte – sogenannte Tokens – verdienen. Die Daten werden aufwendig auf Blockchain-Basis anonymisiert (siehe dazu auch das **Interview mit Gründerin Dr. Sabine Seymour** auf S. 128).

supa.ai

1, 2 Supa

# Workspace Design: Der gesunde Arbeitsplatz

**EXKURS**

Arbeit ist das halbe Leben – nicht nur sprichwörtlich: Im Büro verbringen wir unter der Woche täglich acht Stunden oder mehr. Workspace Design wird daher immer mehr auch zum Gesundheitsthema: Ergonomisch geformte Bürostühle und Meditationsräume sind dabei erst der Anfang. Künftig wird eine Arbeitsplatzgestaltung, die das mentale und physische Wohlbefinden der Mitarbeiter in den Mittelpunkt stellt, entscheidend für die Attraktivität eines Arbeitgebers.

Im Rahmen des **Gamified-Productivity**-Ansatzes werden spielerische Elemente in die Raumgestaltung integriert. Silicon-Valley-Unternehmen wie Google, Facebook oder Microsoft gelten hier oftmals als Vorreiter, aber auch viele kleinere Start-ups legen Wert auf unkonventionelles Design. Die belgische Einrichtungsfirma BuzziSpace hat sich auf solch kreative Bürolösungen spezialisiert: Warum nicht das Meeting auf dem Klettergerüst abhalten? Oder in der Mittagspause kurz aufs Trampolin? Wie wäre es mit einem gemütlichen Pop-up-Outdoor-Büro im Hof? Unterdessen bereitet der US-amerikanische Supermarktriese Walmart seine Belegschaft mit Virtual-Reality-Brillen spielerisch auf den Menschenansturm während des Black Friday vor. Darüber hinaus sollen Apps wie PongUp! Mitarbeiter zu Tischtennis-Meisterschaften herausfordern und zugleich den Teamgeist untereinander fördern. Diese **Playfulness** soll schließlich nicht nur eine willkommene Ablenkung vom Arbeitsalltag bieten, sondern sich ins Mindset der Mitarbeiter übertragen und so zu kreativen Höchstleistungen anregen.

Wer jedoch nicht über den ausreichenden Platz verfügt, um einen Hindernisparcours, eine Kletterhalle oder ein Basketballfeld in sein Büro zu integrieren, für den bieten sich stationäre **Active Furnishings** an, die dem gesundheitsschädlichen Langzeit-Sitzen am Schreibtisch entgegenwirken: Höhenverstellbare Sit-Stand-Schreibtische wie der Uplift Desk, ultra-individualisierte Schreibtischsessel aus dem 3D-Drucker von IKEA, erhöhte Bürostühle mit eingebauten Fahrradpedalen wie der Fitseat, belüftete Bürostühle von Thermaltake, die nach Bedarf kühlen oder wärmen oder Schreibtisch-Laufbänder, wie InMovement von Life Fitness sollen dem Bewegungsmangel am Arbeitsplatz den Garaus machen und nebenbei die geistige Produktivität steigern.

Gerade was die mentale Fitness angeht, gelten natürliches Licht und ein Blick ins Grüne schon lange als Quellen der Erholung – ein dekorativer Gummibaum pro Raum reicht jedoch nicht aus. **Biophilic Design** bringt die Natur in den grauen Büroalltag und geht dabei weit über vertikal begrünte Live Walls aus Moosen oder Farnen hinaus: Gestaltungsprinzipien, die einen multisensorischen Kontakt zur Natur herstellen – auch in Form natürlicher Luftströme, Wasserinstallationen, Geräusche oder Düfte –, sollen eine beruhigende und heilsame Arbeitsatmosphäre kreieren und dabei einen ähnlichen Effekt wie ein ausgiebiger Waldspaziergang erzielen.

Workspace Design, das die Gesundheit der Mitarbeiter in den Fokus rückt, führt nicht nur zu erhöhter Produktivität und Kreativität, sondern verringert auch die Mitarbeiterfluktuation: Wer sich am Arbeitsplatz wohlfühlt, der bleibt.

# „Der Körper als Game-Controller"

**EXPERTE**

## Was kommt nach dem Quantified-Self-Trend? Dr. Sabine Seymour, die Gründerin von SUPA, über die Zukunft der Wearables.

**Dr. Sabine Seymour,** Gründerin und CEO von SUPA, zählt zu den führenden Figuren des Fashion Tech. Die österreichische Kosmopolitin wird gern als Body Sensorist bezeichnet – die sensorische Messung von Körperdaten mit ästhetisch ansprechender Kleidung zu kombinieren, ist ihre Leidenschaft. Mit der SUPA-App begibt sie sich auf neues Terrain.

**Frau Dr. Seymour, der Trend geht von Predictive zu Prescriptive Health – also von der reinen Vorhersage zur echten Vorbeugung, damit Krankheiten erst gar nicht entstehen. Welche Rolle spielt SUPA hier?**
Wir ermöglichen Funktionalitäten in unserer App, mit denen Nutzer ihre persönlichen Daten besser verstehen können, zum Beispiel anhand der Bewegung, Ernährung oder dem Puls – die App analysiert solche Informationen und gibt dann entsprechende Empfehlungen aus. Das ist ein riesiger Mehrwert für jeden Endkonsumenten und zugleich eine Quelle für personalisierte und am Ende sogar präskriptive Medizin. Auf der anderen Seite erkennen wir aufgrund der Daten in unserem Datentresor natürlich auch Trends, aus denen wir schlussfolgern können: Wenn diese oder jene Parameter gegeben sind, dann besteht das Risiko X, bestimmte Beschwerden zu entwickeln.

**Wie kamen Sie auf die Idee, SUPA zu gründen?**
Zunächst bin ich eine starke Verfechterin davon, dass Technologie komplett verschwindet – in unseren Geräten oder in Kleidungsstücken. Mit meinen vorherigen Firmen haben wir mit Printed Electronics und Textilsensorik angefangen. Aber plötzlich gab es so viele Wearables, dass wir keine Hardware mehr produzieren mussten. 2014 habe ich dann ein Patent für eine Verschlüsselungsmethode auf Blockchain-Basis für biometrische Daten beantragt. Mit SUPA können wir das jetzt endlich umsetzen. Außerdem bin ich Sportlerin, lebe gesund, doch plötzlich haben viele Athleten in meinem Umkreis chronische Krankheiten wie Asthma entwickelt. Wie kommt das? Fragt man Ärzte, dann sagen sie bloß: „Das wissen wir nicht, uns fehlen die Daten."

**Was wollen Sie mit SUPA erreichen?**
Das Gesundheitsbewusstsein forcieren, Gesundheit cool machen und so viele Teenager wie möglich dazu bringen, ihre Daten zu sammeln. Stellen Sie sich den Körper als Game-Controller vor: Ich laufe ein Spiel ab oder tanze mit Freunden und werde damit schon sportlich. Somit ist es gerade für Teenager unverkrampft, die eigenen Körperdaten zu messen. Das ist ganz wichtig, wenn man an individualisierter Medizin und personalisierter Krankheitsprognose interessiert ist. Dann benötigt man diese Daten einerseits als Person selbst, andererseits haben unsere B2B-Kunden aus den Bereichen Gesundheit, Sport, Ernährung und Mode daran Interesse.

**Wie kommt es zum Fokus auf Teenager?**
Diese Generation ist mit dem Internet aufgewachsen. Was aber noch wichtiger ist: Je früher wir anfangen, die Daten zu sammeln, desto besser können wir die Gesundheit in weiterer Folge positiv beeinflussen. Drittens: Der Markt ist riesig! Zwei Milliarden Menschen sind nach 1996 geboren. Im Jahr 2020 werden das 40 Prozent der Bevölkerung sein. Große Teile davon leben in Afrika und Asien – das sind noch einmal ganz andere, interessante Märkte.

**Die von Ihnen gesammelten Daten wären sicherlich auch für Krankenversicherungen oder Pharmakonzerne interessant. Mit welchen Unternehmen kooperieren Sie bereits?**
2017 haben wir ein Pilotprojekt mit dem Sportartikelhersteller Fila Sport in den USA gestartet. Für uns sind generell alle Firmen wichtig, die sich mit dem Körper beschäftigen. Wir kontextualisieren riesige Datenvolumen, machen also Sinn daraus. Und dass diese Daten anschließend interessant sind für eine Versicherung, die sich fragt, in welchen Parametern sich das Gesundheitsverhalten verändert oder wie sie ihre Preispolitik gestalten soll, das ist klar. Aber für mich ist sowohl bei Pharmakonzernen als auch bei Versicherungen ganz wichtig: Es sind anonymisierte Daten.

**Wie funktioniert diese Anonymisierung genau?**
Wir anonymisieren den Ersteller der Daten per Blockchain. Vereinfacht gesprochen: Wir legen einen Block auf den Namen und verschlüsseln ihn somit. Die Rückverfolgung würde mit den momentanen Leistungen eines Computers hunderte von Jahren dauern! Ich kann also nicht zurückverfolgen, dass es sich etwa um Maria aus Frankfurt handelt. Ich kann mich beispielsweise lediglich auf einen Großteil junger Frauen in Deutschland beziehen. Und wenn ich diese Informationen habe, dann kann ich ein neues Bewusstsein oder Legislative schaffen, neue Produkte entwickeln – das ist unser Ansatz.

**Ihr Unternehmen hat seinen Sitz in den USA. In Sachen Datenschutz eher ein Land der begrenzten Möglichkeiten, oder?**
Wir werden unser Headquarter extra deshalb nach Europa verlegen. Einerseits wegen der Datenschutzgrundverordnung: Datenschutz ist unser Geschäftsmodell, ohne ihn wäre SUPA nicht so cool. In den USA ist das allerdings noch überhaupt nicht durchgedrungen. Andererseits ist die Legislative in Europa für uns von Vorteil, was die Nutzung von Blockchain und Kryptowährungen angeht.

**SUPA trägt zum anhaltenden Quantified-Self-Trend bei, also dem Bestreben, immer mehr Daten über sich selbst anzuhäufen. Ist ein Ende dieses Trends in Sicht? Und was kommt danach?**
Ich glaube, wir haben das Ende schon fast erreicht. Wir sind jetzt bei der Kontextualisierung, aber wir müssen zur Weisheit. Als Beispiel nehme ich immer meine Oma: Sie schaut mich an und weiß sofort, ob ich krank werde, ohne dass ich etwas sagen muss. Dann bringt sie mir eine Hühnersuppe und sagt: „Leg Dich ins Bett, 24 Stunden Schwitzen!" Und genau da müssen wir hin.

# „Kein Roboter kann eine Pflegekraft ersetzen."

**EXPERTE**

**Dr.-Ing. Birgit Graf vom Fraunhofer-Institut für Produktionstechnik und Automatisierung (IPA) über die Zukunft der Robotik in der Pflege.**

**Dr.-Ing. Birgit Graf**
ist Leiterin der Gruppe Haushalts- und Assistenzrobotik am Fraunhofer-Institut für Produktionstechnik und Automatisierung (IPA) in Stuttgart. Sie entwickelt dort in unterschiedlichen Forschungsprojekten Serviceroboter zur Unterstützung pflegebedürftiger und pflegender Personen (care-o-bot.de). Ein wichtiger Aspekt ist, dass alle Entwicklungen gemeinsam mit potentiellen Anwendern erfolgen und auch in der Praxis getestet werden.

**Frau Dr. Graf, inwiefern könnten Serviceroboter die Antwort auf den Pflegenotstand sein?**
Sie sind nicht die alleinige Antwort, aber sicherlich eine Hilfe, um dem Pflegenotstand entgegenzuwirken. Kein Roboter kann eine Pflegekraft komplett ersetzen, wohl aber ihr die Arbeit erleichtern. Es geht also primär um unterstützende Funktionen, das heißt, Pflegepersonal bei Routinetätigkeiten zeitlich und körperlich zu entlasten und teilweise auch die Selbstständigkeit der Pflegebedürftigen zu erhöhen. Es geht uns nicht um die eigentlichen Pflegetätigkeiten am Patienten oder die zwischenmenschlichen Beziehungen. Ein Roboter, der in der Pflege selbstständig mit anpackt und zum Beispiel einen Verband wechselt – davon sind wir noch sehr weit entfernt und das ist auch nicht das Ziel unserer Forschungsarbeit.

**Können Sie mir einen Überblick darüber geben, welche Formen von Servicerobotern es aktuell im stationären Pflegebereich schon gibt und was diese leisten können?**
Die Zahl der aktuell verfügbaren Produkte ist sehr überschaubar. Für den Containertransport vom Zentrallager zur Station gibt es die klassischen fahrerlosen Transportfahrzeuge in Großkrankenhäusern. Um qualifizierte Pflegekräfte direkt zu unterstützen, haben wir in einem aktuellen Forschungsprojekt einen intelligenten Pflegewagen entwickelt, der die benötigten Pflegematerialien direkt am Zimmer zur Verfügung stellt und Entnahmen dokumentiert. Damit können wir Laufwege des Personals vor Ort reduzieren, das ist aktuell ein riesiges Problem. In zwei bis drei Jahren könnte der Prototyp als Produkt umgesetzt werden. Auch unser robotischer Serviceassistent, der Getränke in Pflegeeinrichtungen verteilt, ist bald bereit für den Markt. Und bei Care-O-bot 4, der inzwischen von unserem Spin-off Mojin Robotics vertrieben wird, haben wir auch schon Anfragen, was die Patientenführung im Krankenhaus angeht.

**Könnten Sie uns diesen Care-O-bot 4 etwas genauer vorstellen?**
Care-O-bot ist die Vision eines Roboters zur Unterstützung des Menschen im häuslichen Umfeld, die wir bereits seit über 20 Jahren verfolgen. Eine wichtige Grundfunktion des Roboters ist die autonome Navigation, er kann sich also selbstständig im Raum orientieren und relevante Positio-

nen sicher anfahren, auch in größeren Alltagsumgebungen. In einer Version ohne Arme wird das aktuelle Modell, Care-O-bot 4, bereits zur Führung von Kunden im Einzelhandel eingesetzt. Was derzeit noch intensiv erforscht wird, ist das Thema Greifen: Das erfordert, dass der Roboter seine Umgebung versteht, Gegenstände oder Personen erkennen kann, um dann einfache Hol- und Bringdienste oder andere Haushaltsaufgaben durchführen zu können. Der Care-O-bot in seiner kompletten Ausführung und mit allen denkbaren Funktionen ist aber noch eine Zukunftsvision.

**Wenn man sich aktuelle Modelle anschaut, dann haben Serviceroboter äußerlich oftmals nicht viel mit den aus Filmen bekannten, menschenähnlichen Robotern gemein – woran liegt das?**

Bei unseren Robotern bestimmt die Funktionalität das Design. Der intelligente Pflegewagen sieht zum Beispiel auch wie ein Pflegewagen aus, denn mit dieser Form ist das Pflegepersonal vertraut und weiß, wie es damit umgehen soll. Ein Gesicht würde da nur zu Irritationen führen. Wir wollen durch das Design der Roboter nicht ausdrücken, dass sie bereits alles könnten, was Menschen können. Es werden sonst Ängste ausgelöst, dass die Roboter Pflegekräfte komplett ersetzen könnten, was nach dem heutigen Stand der Technik absolut utopisch ist.

**Führt denn wirklich ein Weg daran vorbei, dass Funktionalität und Humanoidität irgendwann verknüpft werden?**

Wie menschenähnlich ein Roboter gestaltet ist und wie stark menschliche Interaktionsformen genutzt werden, hängt natürlich sehr stark mit der Funktionalität und dem Einsatzfeld des Roboters zusammen. Für den Pflegewagen spielt die Interaktion eine untergeordnete Rolle. Wenn Care-O-bot zur Personenführung im öffentlichen Raum eingesetzt wird, verfügt er auch über eine Spracherkennungsfunktion und kann sich mit Leuten in einfachen Dialogen unterhalten, um beispielsweise herauszufinden, wohin er sie führen soll. Hier ist die Interaktion aber nicht als Selbstzweck des Roboters gedacht, sondern dient dazu, diesen als Ganzes nutzerfreundlich zu gestalten. Der Touchscreen mit den Augen vermittelt den Kunden zum Beispiel einfache Reaktionen des Roboters, sodass sie diesen besser verstehen. Ich denke, Funktionalität und Humanoidität werden an der Stelle zusammenwachsen, an der es sinnvoll ist.

**Wie fallen denn die Reaktionen auf die Roboter in Pilotprojekten aus?**

Bei den Pflegekräften war es für uns zentral, sie in den kompletten Entwicklungsprozess einzubinden, sie zu fragen, welche lästigen Nebentätigkeiten sie gerne los wären. Wichtig war es auch, ihnen zu vermitteln, dass Roboter sie nicht ersetzen sollen, sondern diese sie zeitlich und körperlich entlasten und bei ihrer Arbeit unterstützen sollen. Damit haben wir immer sehr positive Rückmeldungen bekommen. Bei den Bewohnern und Patienten bestanden keine großen Berührungsängste. Sie haben gerne mit den Robotern agiert und sich von unserem Serviceassistenten zum Beispiel ein Getränk servieren lassen. Ich habe deshalb keine Zweifel daran, dass Roboter dieser Art in den kommenden Jahren vermehrt in Pflegeeinrichtungen zum Einsatz kommen werden.

# THESE 9

**FOOD SOLUTIONS**

# Essen wird zur neuen Religion, zur Frage der Werte, zum Ausdruck des individuellen Lebensstils. Food ist der neue Pop – in der Ernährung suchen wir die (Er-)Lösung all unserer Probleme.

# Food Solutions

**Essen wird zur neuen Religion, zur Frage der Werte, zum Ausdruck des individuellen Lebensstils. Food ist der neue Pop – in der Ernährung suchen wir die (Er-)Lösung all unserer Probleme.**

Essen war immer mehr als reine Nahrungsaufnahme. Rund ums Essen haben sich jahrtausendealte Traditionen etabliert, Rituale entwickelt, Religionen manifestiert. In vielen Kulturen ist Nahrung zudem gleichbedeutend mit Medizin. Durch Industrialisierung, Massenproduktion, Digitalisierung und Globalisierung begannen sich diese gesetzten Ernährungsweisen und Traditionen aufzulösen. Eine neue Ära des Essens brach an: Nie zuvor gab es so eine große Auswahl an Lebensmitteln wie heute, nie war die persönliche Identität so sehr mit dem verbunden, was wir essen – oder nicht. Heute ist man Veganerin, Flexitarier, Craft-Beer-Enthusiastin, Paleo-Anhänger, Bio-Fan oder Rohköstlerin und setzt damit auch ein Statement, sei es am Esstisch oder auf Instagram. Wie und was wir essen ist Ausdruck unseres Lebensstils – und immer häufiger auch eine Frage unserer Weltanschauung.

Einerseits ist Essen somit zu einer höchst individuellen Angelegenheit geworden. Andererseits suchen wir immer eine Peergroup, die unsere Einstellung zum Essen teilt. Die Ernährungswissenschaftlerin Hanni Rützler beschreibt diese Food-Trends als „Phänomene sogenannter Wohlstandsgesellschaften: Sie gedeihen erst in gesättigten Märkten, in denen nicht der Mangel bestimmend ist, sondern der Überfluss Suchbewegungen auslöst." Diese Suche hat sowohl eine **Fragmentierung der Ernährungsweisen und eine Pluralisierung des Geschmacks** zur Folge als auch den starken **Wunsch nach Orientierung, Sicherheit und Identität** (Zukunftsinstitut/Lebensmittel Zeitung 2018).

## DIE LÖSUNG AUF DEM TELLER

Obwohl Religion und Moral heute nur noch wenige Restriktionen vorgeben, was wir essen dürfen und was nicht, bleibt der spirituelle Aspekt von Food erhalten und wird individuell neu aufgeladen: **Im Essen suchen wir die Lösung für all unsere Probleme, von Klimawandel bis Kopfschmerzen – die Lösung liegt auf dem Teller.** Mit Essen können wir die Welt retten, unsere Attraktivität aufladen, unsere Leistung steigern und dem achtlosen Massenkonsum etwas entgegensetzen.

Dabei spiegeln sich politische Überzeugungen und soziokulturelle Bewegungen in unseren Essgewohnheiten: Heute hat jede Subkultur, jede gesellschaftliche Splittergruppe ihre eigene Ernährungsideologie mit spezifischen Präferenzen, Tabus und Glaubenssätzen. Von dogmatischen Clean Eatern, die keine verarbeiteten Lebensmittel zu sich nehmen, über Anhänger des intermittierenden Fastens, die ihren Tagesablauf nach Essens- und Fastenphasen einteilen, bis hin zu Anti-Gourmets, die den Hype um Chia-Samen, Quinoa und Matcha-Tee bestenfalls belächeln und den Genuss von Chips, Fast Food und Fertigpizza beinahe schon trotzig zelebrieren. So wird Food auf eine identitätsstiftende, manchmal sogar spirituelle Ebene befördert.

## ISS DICH GLÜCKLICH

Essen ist nicht nur Ausdruck des Lebensstils, sondern wird zum Mittel erster Wahl, um Gesundheit und Wohlbefinden zu erlangen. Lebensmittel sollen längst nicht mehr nur satt, sondern gesund und inzwischen auch glücklich machen. Die Grenzen zwischen Nahrung, Medizin und sogar Drogen verschwimmen: In den USA sind Cannabis-Schokolade, THC-Gummibärchen und Kava-Kava-Smoothies schon zur neuen Normalität geworden. Produkte, die uns glücklich, entspannt, kreativ oder leistungsstark machen sollen, sind gefragt: Der Trend zu **Mood Food** (siehe S. 137) ist die nächste Stufe des Functional Foods und soll gezielt bestimmte Stimmungen und Emotionen erzeugen.

Nicht mehr nur Lebensmittelhersteller, Produktentwickler und Gastronomen experimentieren damit. Mittlerweile stellen sich auch Wissenschaftler die Frage, welchen Einfluss die Ernährung auf die Stimmung hat. Inzwischen ist klar, dass die Billionen an Mikroben im Darm auch die Psyche enorm beeinflussen können. Was wir essen, wirkt sich nicht nur auf den Körper, sondern auch auf unser Gemüt aus. So können zu viele verarbeitete Lebensmittel sogar das Risiko für Depressionen erhöhen (vgl. MooDFOOD 2018). Die genauen Zusammenhänge sind dabei noch unklar. Eine Grundregel kristallisiert sich jedoch heraus: Je natürlicher und unverarbeiteter unsere Lebensmittel sind, desto besser. Anders als beim Functional Food setzen die meisten Mood-Food-Lebensmittel daher weniger auf synthetische Inhaltsstoffe als auf natürliche Zutaten und Verfahren wie beispielsweise Fermentation.

## DAS GUTE LIEGT SO NAH

Die sogenannten Superfoods waren bereits erste Vorläufer des Moodbooster-Prinzips. Allerdings verschiebt sich nun der Fokus: Statt weit gereiste Exoten zu verzehren, werden heimische Alternativen (wieder-)entdeckt. Denn der Wunsch nach einem direkten Bezug zu den Lebensmitteln, die alltäglich konsumiert werden, wächst: Fast 80 Prozent der Deutschen legen bereits Wert auf Lebensmittel aus der Region (vgl. BMEL-Ernährungsreport 2018). Jedoch ist Regionalität heute ein weit gefasster Begriff: So kann ein aus der Heimat stammendes Produkt aus dem Supermarkt doch etliche Kilometer zurückgelegt haben. Immer mehr Menschen nehmen die Produktion von Lebensmitteln daher lieber gleich selbst in die Hand.

**Local Food** (siehe S. 139) beschreibt den Trend, Lebensmittel zuhause oder direkt vor der Haustür anzubauen oder aus der unmittelbaren Nähe von den Erzeugern selbst zu beziehen. Vorreiter in Gastronomie und Food-Start-ups zentrieren ihre Philosophie – und ihr Marketing – rund um den hyperlokalen Bezug ihrer Lebensmittel beziehungsweise ihrer Inhaltsstoffe. So hat das 2018 eröffnete Restaurant Wolfsjunge in Hamburg sowohl eine eigene Gartenparzelle vor den Toren Hamburgs als auch einen Kräutergarten direkt vor dem Restaurant und bezieht zudem Ernteanteile von einem solidarisch bewirtschafteten Hof.

Auch im Anstieg der urbanen Gemeinschaftsgärten – der Urban-Farming-Initiativen und der Solawi-Höfe-Projekte der Solidarischen Landwirtschaft, bei denen Verbraucher direkt mit den Landwirten kooperieren – zeigt sich die Sehnsucht nach unmittelbarer Nähe und Transparenz. Hinzu kommt der Aspekt der saisonalen Verfügbarkeit und die Rückbesinnung auf lokale Rezepturen und regionale Ursorten sowie Experimente mit Wild Food, also mit nicht-landwirtschaftlichen Produkten, die wild in der Natur zu finden sind.

## BESSERE ALTERNATIVEN GESUCHT

In den vergangenen 50 Jahren hat sich der globale Fleischkonsum vervierfacht, bis 2050 soll er laut Welternährungsorganisation FAO noch einmal um 73 Prozent steigen (vgl. FAO 2011). In den reichen Regionen der Welt ist der Peak jedoch bereits erreicht. Der Konsum sinkt, wenn auch langsam: In Deutschland von 68 Kilo pro Kopf 1996 auf rund 60 Kilo pro Kopf in 2016 (vgl. BLE 2017). Hierzulande befindet sich die kulinarische Tradition, dem Fleisch die Hauptrolle auf dem Teller zuzusprechen, längst im Wandel. Unter den Millionen Vegetariern, Veganern und Flexitariern gibt es allerdings viele, die Fleisch, Wurst und Milchprodukte eigentlich mögen, aber aus ethischen und ökologischen Motiven auf deren Genuss verzichten. Der Markt für Ersatzprodukte wird daher weiterwachsen (siehe dazu auch den Exkurs **„Insekten essen“**, S. 144), doch diese müssen künftig höhere Anforderungen erfüllen als bisher. Der vegane Schmeckt-wie-Stempel alleine reicht nicht mehr aus. Sie sollen natürlichen Ursprungs sein, gesund – und wirklich lecker.

**Super Substitutes** (siehe S. 140) stellen den nächsten Schritt in der Evolution des Food Business in Richtung pflanzliche Proteine dar. Es geht nicht mehr um Verzicht oder synthetischen Ersatz, sondern im Gegenteil um die **kulinarische Aufwertung pflanzenbasierter Ernährung.** Weg vom moralischen Zeigefinger, hin zum genussvollen Adressieren der ökologischen und vor allem gesundheitlichen Vorteile von Plant Based Food. Neben alten Bekannten wie Soja und Hülsenfrüchten beginnen Pilze und Algen eine zunehmende Rolle als Proteinlieferanten zu spielen. Eine fleischfreie Zukunft wird uns deshalb nicht erwarten, vielmehr wird Fleisch zum Genussmittel, das wieder bewusst als etwas Besonderes konsumiert wird unter dem Motto: zurück zum Sonntagsbraten.

## ESSEN ALS POLITISCHER AKT

Essen kann die Welt besser machen und Kräfte entfalten, die nicht nur in unseren Körpern, sondern auch in unserem Umfeld wirken. Diese Macht beginnen, Konsumenten zu entdecken und zu nutzen. Das Private wird zum Politischen – Ökologie, Tierschutz und soziale Gerechtigkeit werden zunehmend eingefordert und auf unseren Tellern verhandelt. Zahlreiche Beispiele zeigen diese Politisierung des Essens. So serviert Ghetto Gastro aus der Bronx auf Dinner-Events neben Menüs auch politische Botschaften. Die vier Betreiber, darunter ehemalige Köche aus Sternerestaurants, nennen ihren Kochstil Black Power Kitchen – eine Message, die auch bei namhaften Auftraggebern wie Microsoft und Nike ankommt.

Auch in Deutschland schließen sich Menschen zusammen, um gemeinsam durch Food-Aktivismus Zeichen gegen Nahrungsmittelverschwendung zu setzen oder sich für eine Ernährungswende einzusetzen. So gibt es beispielsweise ein wachsendes Netzwerk an Food-Sharing-Initiativen und eine regelrechte Gründungswelle von Ernährungsräten, in denen sich lokale Akteure und Bürger zusammenschließen, um gemeinsam ein besseres lokales Ernährungssystem zu etablieren und sich gegen Lebensmittelverschwendung und für Umweltschutz einzusetzen. Neben Künstlern und Designern, die Food zu ihrem Thema machen (siehe **Interview mit Tainá Guedes,** S. 146), entdecken auch Food-Startups das transformatorische Potenzial von Lebensmitteln und vermarkten zunehmend **Changemaker**-Produkte (siehe S. 143).

Über all diesen Entwicklungen schwebt das Metathema eines neuen kulinarischen Bewusstseins und die zentrale Frage: Wie können und sollen wir uns richtig ernähren? Diese Suche nach Esslösungen seitens der Konsumenten schafft eine neue Vielfalt der Essstile. Genuss, Gesundheit, Selbstoptimierung und Ethik werden sich in Zukunft immer weiter vermischen. **Entweder-oder-Entscheidungen à la „gesund versus lecker“ werden abgelöst von Sowohl-als-auch-Lösungen.**

# Best Practice

1

## Mood Food

*Ethnobotanische Überlieferungen zeigen, dass Pflanzen, Kräuter und Pilze schon lange genutzt werden, um bestimmte Stimmungen zu erzeugen. Innovative Food-Unternehmen verbinden jetzt alte Weisheiten mit neuesten Erkenntnissen aus der Forschung.*

### UPLIFT FOOD – ANTIBIOTIKA? PSYCHOBIOTIKA!

Wurden im 20. Jahrhundert Bakterien noch mit allen Mitteln bekämpft, steht heute fest, dass viele Mikroorganismen, insbesondere im Darm, eine positive Wirkung auf die körperliche und psychische Gesundheit haben. Forscher der irischen Cork University schufen in ihrem 2017 erschienen Buch „The Psychobiotic Revolution" einen Terminus für sich gut auf die Psyche auswirkende Bakterien: Psychobiotika.

Diese Art von Probiotika sind im Proteinpulver des australischen Start-ups Uplift enthalten. Das Pulver mit Vanillegeschmack soll Getränken, Snacks oder dem Frühstück hinzugefügt werden, um die Darmgesundheit und damit die gesamte Stimmung positiv zu beeinflussen. Neben fünf probiotischen Bakterienstämmen, die dem Körper helfen, Serotonin auszuschütten, enthält das gesunde Pulver auch viele pflanzliche Proteine, unter anderem fermentiertes Erbsenprotein, Artischocken- und Pilzpulver sowie Proteine der Inka-Erdnuss Sacha Inchi.

upliftfood.com

### MATTISON LIVING LEMONADE – FERMENTIERTER HAPPY DRINK

Der Prozess der Fermentierung – die mikrobielle oder enzymatische Umwandlung organischer Stoffe in Säure, Gase oder Alkohol – erlebt derzeit ein Revival in der Lebensmittel- und Getränkeindustrie. Bei diesem Verfahren entstehen eine Vielzahl von natürlichen Probiotika und verdauungsfreundlichen Bakterien, die nicht nur den Darm, sondern auch die Stimmung beeinflussen können. Über das autonome Nervensystem mit rund 100 Millionen Nervenzellen, die sich in der Darmwand befinden, sendet der Darm dem Gehirn nämlich ständig Signale. Sind die Bakterien im Darm angeschlagen, lassen sie das ihren Wirt spüren.

Die Living Lemonade von Mattison stellt eine natürliche Alternative zu künstlich erzeugten kohlensäurehaltigen Getränken dar, ist vegan und soll sich positiv auf die Verdauungsgesundheit und damit auch auf das psychische Wohlbefinden auswirken. Zusätzlich enthält die probiotische, zuckerfreie Bio-Limonade Ingwer und Kurkuma, denen entzündungshemmende Wirkungen nachgesagt werden.

mattisson.nl

1 Uplift Food

## SENSATONICS KRÄUTERKICKS – NATÜRLICHES LEGAL HIGH

Ob vitalisierend, das Herz öffnend, das Becken lockernd oder schlicht die Lebensfreude steigernd: Im Sensatonics Sortiment ist für jede Situation und gewünschte Stimmungslage der passende Kräutertonic zu finden. Pflanzen als Heilmittel sind in westlichen Kulturen zwar weithin bekannt und akzeptiert, das Wissen um weitere Wirkungen – von entspannend bis zu aphrodisierend – wird hier aber gerade erst wiederentdeckt. Inspiration für die Rezepturen findet das Unternehmen aus Berlin sowohl bei Paracelsus und Hildegard von Bingen als auch in der ethnobotanischen Vielfalt und dem Pflanzenverständnis asiatischer und amerikanischer indigener Kulturen. Für die Tonics werden bevorzugt Pflanzenteile aus Wildsammlungen sowie naturbelassene Rohstoffe verwendet. Die Wirkstoffe der Kräuter werden in der Manufaktur per Handarbeit schonend extrahiert, um in vollem Umfang in den Kräuterkicks wirken zu können.

sensatonics.de

1

## CANNABEEZ – HONIG VON CANNABIS-BIENEN

Mit Cannabis oder Cannabinoiden angereicherte Lebensmittel haben es in Kanada und einigen US-Bundesstaaten bereits in die Mitte der Gesellschaft geschafft. Seit der Legalisierung boomt der Markt mit den Legal Highs. Die Cannabis-Tech-Firma PhytoPharma aus Israel ist das erste Unternehmen, das es mithilfe einer patentierten Technologie geschafft hat, Bienenvölker mit einer Cannabinoid-Nährlösung zu füttern. Damit ist CannaBeeZ weltweit der erste Honig, dem nicht erst im Nachgang Cannabinoide zugefügt wurden, sondern die Wirkstoffe direkt durch die Bienen in den Honig gelangen. Durch diese natürliche Verarbeitung wandeln sich die Cannabinoide in effiziente Moleküle um, die besser und schneller im menschlichen Körper wirken. Weil der Honig vor allem das beruhigende CBD und kaum das psychoaktive THC enthält, macht das Produkt nicht high, sondern soll vor allem bei Angst, Stress und Schlafstörungen Linderung verschaffen und außerdem entzündungshemmend und schmerzlindernd wirken. In Kalifornien wird dieser innovative Hightech-Honig bald in Apotheken erhältlich sein.

phytopharmaint.com

1 Sensatonics Kräuterkicks
2 Plantcube

2

## Local Food

*Der Local-Food-Trend hat viele Facetten: vom hyperlokalen DIY-Anbau über den direkten Bezug von Erzeugern in unmittelbarer Nähe bis zum Sammeln wild gewachsener Ernährungskomponenten in der Natur.*

### PLANTCUBE / VITALION – MINI-FARM FÜR ZUHAUSE ODER DAS BÜRO

Regionale Lebensmittel liegen im Trend ebenso wie der Eigenanbau von Gemüse und Kräutern. Professionelle Aquaponik- und Vertical-Farmen entstehen aktuell rund um den Globus, um eine regionale Lebensmittelproduktion zu realisieren. Was im großen Stil funktioniert, lässt sich auch im Mini-Format umsetzen: Der Plantcube-Gewächsschrank und der Aquaponik-Raumteiler von Vitalion bringen nun Hightech-Urban-Farming in die eigenen vier Wände.

Das platzsparende System Plantcube im Kühlschrankformat versorgt die in ihm angebauten Pflanzen mit Licht in der perfekten Wellenlänge, abgestimmter Bewässerung und den benötigten Temperaturen für optimales Wachstum. So sind die Salate, Kräuter und Gemüse zwei- bis dreimal so schnell erntereif und können ganzjährig angebaut werden. Weil die Pflanzen keine langen Transportwege zurücklegen, bevor sie auf dem Teller landen, enthalten sie mehr Mineralien und Vitamine und sind außerdem garantiert pestizidfrei.

Das gleiche Prinzip gilt auch für das Design-Aquaponiksystem von Vitalion, in dem nicht nur Gemüse gedeiht, sondern auch Fische. Frischwasser und Nährstoffe müssen hier in viel geringerem Umfang zugeführt werden, da das Wasser in einem Kreislauf zirkuliert: Die Exkremente der Fische dienen den Pflanzen als Nährstoffe, die wiederum das in den Fischtank zurückfließende Wasser reinigen.

agrilution.de, vitalion.net

1

## Super Substitutes

*Weniger oder gar keine tierischen Produkte zu essen wird in immer mehr Konsumentengruppen en vogue – und die Ansprüche an die fleischlosen Alternativen immer höher.*

### KIESBYE BIER – WILDNIS AUS DER FLASCHE

Die Zutaten für Axel Kiesbyes handgepflückte Biere machen dieses Craft Beer so einzigartig: Sie stammen aus der österreichischen Wildnis. Die im Wald entdeckten Schätze – Beeren, Blüten, Blätter, Harze, Zweige, Nadeln, Samen und Zapfen – zaubern besonders feine Geschmacksnuancen in die Biere.

Auf der Suche nach Inspiration für neue Kreationen seiner sogenannten Waldbiere zieht der Braumeister seit einigen Jahren in die umliegenden Wälder. Nach anfänglichem Experimentieren mit Früchten und Harzen aus der direkten Umgebung begibt sich Kiesbye mittlerweile auch in andere Regionen Österreichs, um die besten Ingredienzien aus der Natur zu entdecken. Für die limitierten Bierspezialitäten werden die Naturstoffe von Hand gesammelt und mithilfe unterschiedlicher experimenteller Techniken mit eingebraut, um die ursprüngliche Aromentiefe der wilden Inhaltsstoffe zu erhalten.

kiesbye.at

### BEYOND MEAT / IMPOSSIBLE FOOD – THE FUTURE OF BURGER

Bereits heute gibt es schmackhafte Fleischalternativen, die sich nur noch gering vom Original unterscheiden – und somit auch überzeugte Fleischesser und Flexitarier ansprechen. Die US-Unternehmen Beyond Meat und Impossible Food sind die zwei vielversprechendsten Akteure bei der Entwicklung pflanzlicher Alternativen zu Fleisch.

Bereits seit rund zehn Jahren tüftelt Beyond Meat an einem aus pflanzlichen Zutaten bestehenden Bratling. Inzwischen gibt es den auf Erbsenprotein basierenden rohen Bratling im Kühlregal in mehr als 30.000 Supermärkten in den USA, Kanada und Großbritannien. Für die typische rosarote Färbung sorgt die Zugabe von Rotebeetesaft. Neben dem Burger bietet Beyond Meat auch pflanzliches Hackfleisch, Würstchen und Hühnerstreifen an. Die Nachfrage ist auch hierzulande enorm: Seit 2018 beliefert die PHW-Gruppe, zu der auch Wiesenhof gehört, bundesweit die Gastronomie mit Beyond Burgern, und auch der Lebensmittelgroßhändler Metro bietet den Zukunftsburger im stationären Handel an. Die Veggie-Burger von Impossible Foods findet man dagegen in immer mehr Restaurants in den USA. Für den fleischähnlichen Geschmack setzt das Unternehmen auf den Geschmacks-Booster Hämoglobin, der auch in pflanzlichen Quellen vorkommt.

beyondmeat.com, impossiblefoods.com

1 Kiesbye-Bier
2–6 Impossible Foods

2

3

4

5

6

1

2

**CORBION ALGENÖL – DIE PALMÖL-ALTERNATIVE**

Algen werden derzeit als proteinreicher Ersatz hoch gehandelt. Denn sie bieten viele Vorteile: Mikroalgen lassen sich in geschlossenen Systemen nahezu überall kultivieren. Ein Großteil des Wassers lässt sich recyceln, sodass der Verbrauch an Frischwasser sehr gering ist. Außerdem sind Algen hervorragende CO2-Umwandler.

Aufgrund ihres fischigen Eigengeschmacks wurden Algen bisher hauptsächlich für Fischersatzprodukte verwendet. Doch auch die Isolation reiner und damit geschmacksneutraler Aminosäuren aus Algen ist jetzt möglich. Darauf setzt das niederländische Unternehmen Corbion, das in Algenöl ein großes Zukunftspotenzial sieht. In den USA wird zum Beispiel das Thrive Culinary Algenöl immer beliebter, es hat den höchsten Gehalt an einfach ungesättigten Fetten (dem guten Fett) und den niedrigsten Gehalt an gesättigten Fettsäuren unter allen Speiseölen. Das Algenöl hat einen neutralen Geschmack und wird in mehr als 7.000 Geschäften verkauft. Corbion vermarktet daneben mehrere andere Algenprodukte für den Einsatz in Lebensmitteln, als Futtermittel für Aquakulturen und anderen Produkten. Da Algenöl zudem die gleiche Textur und Bindungsmöglichkeit wie Palmöl aufweist, könnte es dieses bald schon im großen Stil ersetzen.

corbion.com

**PERFECT DAY FOODS – MILCH OHNE KUH**

Die Milchrevolution ist in vollem Gange – neben den bekannten pflanzlichen Alternativen könnte es in den Supermärkten schon bald eine tierfreie Milch geben, die wirklich wie das Original schmeckt. Das Unternehmen Perfect Day Foods aus San Francisco bastelt an der Entwicklung von Molkereiprodukten, für deren Herstellung keine einzige Kuh benötigt wird. Das Geheimnis dahinter: Das Unternehmen hat eine Hefe entwickelt, die die Milchproteine Kasein und Molke produzieren kann. Mithilfe der Biotechnologie wird dieser Hefe ein Bauplan mitgegeben, der es ermöglicht, Zucker zu fermentieren und echte Milchproteine zu erzeugen. Deshalb soll die synthetische Milch genauso wie Kuhmilch schmecken, aber alle Vorteile pflanzlicher Alternativen bieten: Sie ist laktose-, hormon- und antibiotikafrei.

perfectdayfoods.com

1 Corbion Algenöl
2 Perfect Day Foods
3 Warndu
4 Conflictfood

3

4

## Changemaker

*Ein verändertes Ess- und Konsumverhalten kann Umwälzungen auf Märkten anstoßen. Food-Aktivisten widmen sich dem transformatorischen Potenzial von Nahrungsmitteln – und fördern mit ihren Produkten explizit einen sozialen und ökologischen Wandel.*

### WARNDU – INDIGENES WISSEN BEWAHREN

Das junge australische Sozialunternehmen Warndu will das Wissen um die traditionellen Nahrungsmittel der Aborigines bewahren und dazu anregen, die Schätze der Natur wiederzuentdecken. Warndu bedeutet „gut" in der Adnyamathanha-Sprache. Und gut sind nicht nur die ausgefallenen Produkte, die mit insgesamt 25 heimischen Zutaten hergestellt werden – etwa ein Tee mit River Mint und Ameisen oder eine Gewürzmischung mit australischer Buschtomate, Salzbusch und Pfefferbeere – sondern auch die Mission des Start-ups: Warndu ist es vor allem wichtig, indigene Australier mit Jobs und Weiterbildungen zu unterstützen. So werden die Zutaten von indigenen Wildpflückern bezogen, Farmer werden durch spezielle Trainings gefördert, außerdem wird der Aufbau von „Native Food Gardens" in Ureinwohnergemeinschaften unterstützt.

Die Produkte von Warndu sollen Neugier wecken, uraltes Wissen vermitteln und einen positiven Austausch über indigene Kenntnisse, Geschichte und Kultur anstoßen. Mit einem Teil der Erlöse werden in Arnhemland, einem Siedlungsgebiet der Aborigines, Gesundheitsprogramme unterstützt. Die beiden Gründer bringen die Unternehmensphilosophie auf den Punkt: „In buying good, you're doing good."

warndu.com

### CONFLICTFOOD – MIT FOOD FRIEDEN STIFTEN

Krieg, Krisen und Armut sind in vielen Ländern Alltag. Um den Menschen in diesen Regionen eine Perspektive zu bieten, vertreibt das Social-Start-up aus Berlin ausgewählte Produkte von Kleinbauern und Kooperativen mit dem Claim „Stifte Frieden mit…". Aktuell finden wildwachsende Grün- und Schwarztees aus Myanmar, handgepflückter Safran aus Afghanistan und Bio-Freekeh aus Palästina durch Conflictfood ihren Weg nach Europa – ganz ohne Zwischenhändler. So erreicht die Bauern mehr vom Erlös. Ein Teil der Gewinne fließt außerdem zurück nach Afghanistan in ein Heim für kriegsversehrte Kinder. Die beiden Gründer sehen ihre Geschäftsidee auch als Konzept, um Fluchtursachen direkt an der Wurzel zu bekämpfen. Seit 2016 reisen sie in Konfliktregionen und suchen nach landestypischen Spezialitäten, um Menschen in Krisengebieten eine friedvolle Zukunftsperspektive zu eröffnen.

conflictfood.com

# Insekten essen – nahrhaft, gesund & umweltfreundlich

**EXKURS**

Während Insekten in anderen Ländern ganz selbstverständlich zum Speiseplan gehören, graust es hierzulande vielen schon bei der Vorstellung. Zahlreiche Food-Start-ups und Gastronomen stehen jedoch in den Startlöchern, um den kulinarischen Blick auf Insekten zu verändern und den Durchbruch in Europa voranzutreiben.

Zentral ist dabei die Erkenntnis, dass der Konsum von tierischen Produkten gravierende Umweltprobleme verursacht und enorme Ressourcen verbraucht. In der Diskussion um mögliche Lösungswege, die Welternährung auch in Zukunft zu sichern, wird immer häufiger auf Insekten als nachhaltige und effiziente Proteinquelle verwiesen. Zuvor in der rechtlichen Grauzone sind Insekten seit 2018 in die Novel-Food-Verordnung der EU als Nahrungsmittel aufgenommen, somit ist der Weg für die Verbreitung geebnet.

Es gibt also gute Gründe, Insekten auch in unseren Speiseplan aufzunehmen: Insekten sind gesund und nahrhaft, lassen sich umweltfreundlicher züchten und artgerechter halten. Und: Sie schmecken gut – wenn sie richtig zubereitet werden. Historisch gesehen sind Insekten schon immer Teil der menschlichen Ernährung gewesen. Heute werden weltweit regelmäßig rund 2.000 verschiedene Insektenarten verzehrt – von rund zwei Milliarden Menschen, zumeist in Asien, Afrika und Lateinamerika (vgl. FAO 2018).

## DAS TABU BRICHT AUF

Hierzulande besteht jedoch eine starke soziokulturelle Hürde: Beim Gedanken daran, Insekten zu essen, empfinden 46 Prozent der Befragten Ekel (vgl. Bundesinstitut für Risikobewertung/2015). Der Verzehr von Insekten war und ist in der westlichen Welt mit einem Tabu belegt, das jedoch nach und nach aufbricht: Teils aus Neugier, teils aus ökologischer Motivation interessieren sich immer mehr Menschen für essbare Insekten. Schon heute können sich 31 Prozent der Deutschen vorstellen, Nahrungsmittel zu kaufen, die aus Insekten hergestellt sind (BMEL 2019). Fündig werden sie in einer zunehmenden Zahl an Supermärkten, die bereits einige insektenbasierte Produkte deutscher Start-ups anbieten. Im Ganzen oder zu Pulver verarbeitet sind Insekten Schokolade, Riegeln, Cookies, Eiscreme, Nudeln oder Burger-Pattys beigemischt.

Aber auch auf Streetfood-Märkten, in Restaurants und Kochschulen begegnet man den Krabbeltieren mittlerweile häufiger. Selbst die eigene kleine Insektenfarm für zu Hause gibt es schon zu kaufen. Das österreichische Start-up **Livin Farms Insektenfarm** bietet zum Beispiel eine DIY-Mehlwurm-Zuchtbox (livinfarms.com). Die Mehlwürmer dienen nicht nur dem Verzehr, sondern auch der Verwertung von Küchenabfällen. Sie ernähren sich zum Beispiel von Brotresten, Gemüse- und Obstschalen und machen so Müll zum Rohstoff – ganz im Sinne der Circular Economy (siehe **„Circular Economy“**, S. 44). Die Box ist besonders gut für Kinder geeignet, um schon die Jüngsten spielerisch an das Thema heranzuführen und dafür zu sorgen, dass die nächste Generation es als normal ansehen wird, Insekten zu essen.

Dafür könnte unter anderem der Möbelhersteller und Systemgastronom IKEA sorgen: In seinem Kopenhagener Innovationslabor experimentiert der Konzern gerade im Rahmen der Forschungsreihe The Fast Food of the Future an einem Insekten-Köttbullar. Skandinavische Länder scheinen hier generell schon einen Schritt weiter zu sein. Auch das dänische Restaurant Noma, das mehrmals zum besten Restaurant der Welt gekürt wurde, experimentiert seit Jahren mit essbaren Insekten und machte sie zum Gourmet-Thema. In Finnland brachte das Traditionsunternehmen Fazer als weltweit erster Anbieter ein Insektenbrot auf den Markt. Das finnische Start-up Entocube wiederum widmet sich der industriellen Aufzucht essbarer Insekten und verkauft seine Zucht-Boxen an ehemalige Schweine- und Geflügelzüchter.

## VON DER NISCHE ZUM MAINSTREAM

In den kommenden Jahren wird sich der Sektor aus der Probier- und Experimentiernische herauslösen. Was heute noch exotisch und teuer ist, wird in den nächsten Jahren erschwinglicher und geschmacklich überzeugender werden.

In den USA sammeln Insekten-Start-ups Millionen Dollar an Fundings ein. Und hierzulande fördert die EU bereits Projekte für die Zucht von Insekten. Prognosen zufolge wird das Volumen auf dem europäischen Markt bis 2023 von aktuell rund 80 Millionen auf mehr als 260 Millionen Dollar ansteigen (vgl. Meticulous Research/Bloomberg 2018).

Es wird noch Überzeugungsarbeit kosten, westlich sozialisierte Kulturkreise im großen Stil von Insekten als Nahrung zu begeistern, doch am Beispiel des Siegeszuges von Sushi lässt sich ableiten, dass fremde Nahrungsmittel und Ernährungsweisen sich etablieren können. **Was in den 1980er-Jahren noch als eklig betrachtet wurde – roher Fisch und kalter pappiger Reis –, hat sich zum großen Food-Trend entwickelt und ist heute in der Mitte der Gesellschaft angekommen.** Angesichts des zunehmend globalisierten Geschmacks westlicher Konsumenten, werden es Insekten um einiges leichter haben als Sushi vor dreißig Jahren.

# „Essen ist nicht mehr nur ein Akt für uns selbst."

**EXPERTE**

## Wie aus dem Zusammenspiel von Essen und Kunst eine neue Haltung in der Küche entsteht – Food-Art-Week-Gründerin Tainá Guedes über den Zusammenhang von Essen, Kunst und Achtsamkeit.

**Tainá Guedes**
ist eine in Berlin lebende Food-Aktivistin, Künstlerin, Buchautorin und ausgebildete Köchin. Die gebürtige Brasilianerin mit japanischen Wurzeln erkundet in diversen Projekten die politischen und sozialen Auswirkungen von Food. 2017 erschien ihr Buch „Die Küche der Achtsamkeit", dessen zentrales Thema Mottanai aus dem japanischen Buddhismus stammt und Respekt vor den Dingen sowie den achtsamen Umgang mit ihnen bedeutet.

**Tainá Guedes, Sie sind die Gründerin der Entretempo Kitchen Gallery und der Food Art Week. Was war Ihre Motivation, Design, Kunst und Essen zu verbinden?**
Nach der Ausbildung zum Chef de Cuisine war ich sehr besorgt über die Menge an Speiseresten, die wir produzieren. Ich beschloss, meine Fähigkeiten als Köchin einzusetzen, um diese Reste zu reduzieren. Aber nach der Veröffentlichung meines ersten Buches gegen Lebensmittelverschwendung „Kochen mit Brot" wurde mir klar, dass ich viele Menschen mit Worten nicht erreichen konnte. Also begann ich meine Fähigkeiten als Köchin mit meinen Fähigkeiten als Künstlerin zu kombinieren und schuf meine ersten Kunstinstallationen. Durch meine Kunstwerke konnte ich mich mit den Menschen über die Menge an Lebensmitteln austauschen, die jeder von uns im Jahr wegwirft, über den Müll, den wir produzieren, um Lebensmittel auf unseren Tischen zu haben, und über die Auswirkungen auf unser Ernährungssystem und unsere Umwelt – auf eine eindrückliche und ansprechende Weise.

**Wie können Design und Kunst die Art und Weise, wie wir essen, verändern?**
Sowohl Design als auch Kunst können Werkzeuge sein, um mit Menschen zu kommunizieren. Ich interessiere mich für immersive Erfahrungen, die Menschen in der Tiefe ihrer selbst erreichen, dem Ort, an dem Veränderungen vorgenommen werden.

Wir müssen alle essen. Deswegen hat das Essen einen großen Einfluss auf den Menschen, das Leben der Tiere, auf unsere Umwelt und die Politik.

Durch meine Arbeit, sei es als Künstlerin, Autorin oder Kuratorin, schlage ich einfache Schritte vor, die wir alle gemeinsam machen können, die Spaß machen – und lecker sein können. Wenn wir alle, 8 Milliarden Erdenbewohner, nein zu Strohhalmen und ja zu bio sagen würden oder Lebensmittelqualität für alle fordern würden, könnten wir die notwendige Veränderung herbeiführen, denn wie wir Probleme geschaffen haben, können wir sie auch lösen.

# Freundlichkeit, Respekt, Liebe, Achtsamkeit – das sind die wichtigsten Zutaten, die gerade in der Küche wiederentdeckt werden.

**In Ihrem Buch schreiben Sie über Shojin Ryori, einen alten vegetarischen Kochstil, der aus dem japanischen Buddhismus stammt. Sehen Sie ein allgemeines Comeback der alten Zubereitungsweisen und Zutaten?**
Auf jeden Fall. In den Prinzipien von Shojin Ryori steckt bereits alles, was wir heute nachhaltiges Essen nennen. Es geht darum, Mensch und Natur zu respektieren, Bio zu essen, regionale und saisonale Produkte zu verwenden.

Die Philosophie von Shojin-Ryori ist bereits 3.000 Jahre alt und doch so modern. Aber es geht um noch viel mehr: Ein Aspekt, der mich an dieser Küchenphilosophie interessiert, ist die Aufmerksamkeit für den Moment, das Dasein. Wenn ich zum Beispiel für Sie kochen würde, würde ich mich ganz darauf konzentrieren. Ich würde all meine Energie hinein stecken und mein Bestes geben. Und dann würde das Beste aus der Natur und von mir zu Ihnen kommen. Freundlichkeit, Respekt, Liebe, Achtsamkeit – das sind die wichtigsten Zutaten, die gerade in der Küche wiederentdeckt werden.

**Welche neuen Regeln oder Traditionen sehen Sie beim Essen?**
Mein Verständnis von Essen hat sich im Laufe der Jahre drastisch verändert. Als ich klein war, habe ich von meinen Eltern gelernt, dass es bei gutem Essen darum ging, sich biologisch zu ernähren, Vollkorn zu essen, viel Gemüse und Früchte usw. Dann habe ich gelernt, dass gutes Essen auch Respekt und Fairness gegenüber Natur und Mensch bedeutet, dass wir alle Teil einer großen Masse von Menschen sind und dass unsere individuelle Entscheidung darüber, was wir essen, viele Weltkrisen beeinflusst.

Hunger, Umweltverschmutzung, der Klimawandel – diese Probleme erscheinen so groß, dass wir glauben, die Lösung müsste auch irgendwie groß sein. Stattdessen können wir diese Probleme durch viele kleine Schritte lösen – aber wir müssen diese Schritte auch machen! Wir müssen dringend verstehen, dass unsere individuellen Entscheidungen unsere Mitmenschen und unseren Planeten betreffen und das Essen nicht mehr nur ein Akt für uns selbst ist: es ist ein Akt für unseren Planeten.

# „Vor dem Genuss am Tisch ist jede Diskussion erlaubt.“

**EXPERTE**

## Der Food-Aktivist Hendrik Haase über Veganismus, Ersatzprodukte und zur neuen Vielfalt der Essidentitäten.

**Hendrik Haase**
(alias der „Wurstsack“) setzt sich als Designer, Blogger und Food-Aktivist für gute Lebensmittel ein. Als Referent, Fotograf und Berater unterstützt er Institutionen und Unternehmen darin, neue Brücken zu schlagen – von der Produktion zum Konsum und vom Acker bis zum Teller (hendrikhaase.com).

**Bei Dir dreht sich viel um Fleisch und Wurst. Wie siehst Du den Trend hin zu vegetarischer beziehungsweise veganer Ernährung?**
Jede Hinwendung zu einer vielfältigeren Pflanzenküche ist zu begrüßen und ein Schritt in die richtige Richtung. Viele Protagonisten der veganen und vegetarischen Szene propagieren allerdings immer noch einen stark asketischen und urban abgekapselten Ernährungsstil mit landwirtschaftsferner Ausrichtung, den ich kritisch sehe. Im gleichen Zug werden auf der anderen Seite mit viel Chemie erzeugte und hochverarbeitete Neuentwicklungen kritiklos geschluckt, sofern sie nur ohne tierische Bestandteile auskommen.

Für einen breiteren Erfolg der vegetarischen und veganen Ernährung im Mainstream muss aus meiner Sicht neben der Nähe zum Kunden auch die Nähe zum Anbau, Produzenten, Saatgutzüchtern und Verarbeitern gesucht werden. Es muss viel mehr um einen überzeugenden Geschmack und eine Aromenvielfalt gehen als nur um blinde Kopien originär tierischer Produkte. Auch der Handel muss hier nachlegen: Die völlig veralteten und öden Gemüseabteilungen müssen zu Orten der Vielfalt, Begegnung und echter Aromentiefe werden. Bislang hat die vegane und vegetarische Bewegung hierauf noch keinen Fokus gelegt, sondern vor allem die Convenience-Regale adressiert und verändert. Ansätze einer neuen, genussvollen Pflanzenküche sind jedoch bereits zu erkennen, mir allerdings noch viel zu leise.

**Was hältst Du von Algen als Fleischersatz? Dulse Algen sollen gebraten ähnlich wie Schinkenspeck schmecken...**
Werbeversprechen á „Schmeckt wie“ funktionieren nur in Kontexten, bei denen die Tester oder Käufer den echten Geschmack von gut gemachten Originalprodukten nicht mehr kennen und billige industrielle, meist überwürzte Fleischwaren als Vergleich hinzuziehen. Als Verkoster habe ich noch kein einziges veganes Ersatzprodukt probiert, was annähernd mit einem handwerklich und gut gemachten Originalprodukt mithalten konnte. Algen können Umami und Räucheraromen aufweisen, sie schmecken deshalb jedoch nicht wie ein echter Schinken. Dies im Marketing mit einer Schmeckt-wie-Strategie einzusetzen, halte ich für wenig zielführend, da sie am Ende geschmacklich eben doch nicht überzeugt. Der Versuch der Kopie zeugt eher von kulinarischer Legasthenie als von echter Innovation.

# Es muss um echte Innovationen gehen – auf dem Acker und in der Verarbeitung, nicht um schlechte Kopien.

Viel überzeugender als alle Ersatzprodukte sind für mich dagegen Wege von ambitionierten Köchen, die wieder mit Bauern zusammenarbeiten und dabei Saatgutzüchtung und Anbauarten verändern. Es muss um echte Innovationen gehen – auf dem Acker und in der Verarbeitung, nicht um schlechte Kopien.

**Ernährung wird für viele Menschen zur Ersatzreligion, zum wichtigen Bestandteil des Wertesystems, der eigenen Identität – zum Teil entsteht sogar ein regelrechter Tugendterror. Wie siehst du diese Entwicklung?**
Ich sehe keinen Tugendterror und auch keinen neuen Krieg der Ideologien auf dem Teller. Diese Bilder werden gerne von der klassischen Lebensmittelindustrie und konservativen Stimmen heraufbeschworen, weil man die in den letzten Jahren entstandene Vielfalt nicht versteht.

Was wir momentan vorfinden, ist eine Welt der vielfältigsten Essidentitäten, die durch kulturelle Vermischung, Innovationen, Diäten, neue Allergien und Wertevorstellungen beeinflusst wird. Sich hier nach einem normalen Essen so wie früher zurück zu sehnen, wäre äußerst reaktionär und populistisch. Genauso wie wir uns bei der Liebe an hetero, homo, trans gewöhnt haben und monogame sowie polyamore Strömungen immer mehr Akzeptanz finden und diskutiert werden, sind wir beim Essen ebenfalls vielfältiger geworden und auch Minderheiten erfahren größere Beachtung. Diese Entwicklungen sollten wir begrüßen, nicht bekämpfen. Innerhalb der Food-Szene begegnet man dieser Entwicklung eher mit Offenheit und Neugier – sie stellt allerdings für die klassische industriell geprägte Lebensmittelindustrie eine Bedrohung dar und wird gern als zu ideologisch verunglimpft, insbesondere wenn es um Veganismus geht. Dabei ist es nur natürlich und richtig, dass in einer zunehmend globalisierten und digital vernetzten Welt infrage gestellt wird, dass Natur, Böden und Existenzen für angeblich normales und billiges Essen zerstört werden.

Ich habe allerdings eine Regel: Vor dem Genuss am Tisch ist jede Diskussion erlaubt und man sollte im Vorfeld alles dafür tun, um am Ende maximale Qualität auf der Zunge zu haben. Dazu zählt für mich auch der verantwortliche Umgang mit den Ressourcen bei der Produktion. Sobald es an den Genuss geht, sollte aber die Freude und die Lust am Essen und Trinken absolut im Vordergrund stehen. Alles andere wäre ungesund.

# Hintergrund

# FUNDAM

## Megatrends – Lawinen in Zeitlupe

**Megatrends sind die Grundlage für die Evolution ganzer Wirtschaftsbereiche und werden damit vielfach zum Ausgangspunkt weitreichender Strategien. Das Zukunftsinstitut arbeitet seit vielen Jahren erfolgreich mit seinem Modell der Megatrends: Es hilft, die komplexen, weltweiten Veränderungen in Wirtschaft und Gesellschaft greifbar zu machen – und Produktinnovationen auf ihre Zukunftsfähigkeit zu prüfen.**

Relevantes von Irrelevantem unterscheiden zu können ist eine der wichtigsten Fähigkeiten von Trendforschern und in der strategischen Arbeit mit Trends. Ob Avantgarden, Nischenphänomene, kleine Innovationen oder Start-ups, die etwas grundlegend anders machen und damit Erfolg haben: Trends entstehen nicht im luftleeren Raum. Sie sind ja nicht plötzlich da, sondern entwickeln sich allmählich und sind oft Ausprägungen eines gesamtgesellschaftlichen Wandels.

Die Aufgabe von Trend- und Zukunftsforschern besteht in der kontinuierlichen Beobachtung diverser gesellschaftlicher, kultureller und wirtschaftlicher Entwicklungen, in der Analyse von Veränderungsprozessen und dem Erkennen sozialer Muster. Um den Blick dafür zu schärfen, gilt es zunächst einmal, generelle Fragestellungen zu beantworten:

- → Was ist substanziell neu?
- → Was ist mittel- bis langfristig relevant?
- → Was ist nur ein kurzfristiger Hype?

Das Megatrend-System bietet einen umfassenden und vielfältigen Überblick über die Veränderungen, die unsere Welt heute und in der Zukunft beeinflussen. Unternehmen können dieses Trendwissen nutzen, um konkrete Fragestellungen in Zukunftsstrategien zu übersetzen.

### LANGFRISTIG, VIELSCHICHTIG UND VERNETZT

Megatrends sind die größten Treiber des Wandels. Sie erzeugen epochale Veränderungen, indem sie alle As-

# ENT

pekte von Wirtschaft und Gesellschaft maßgeblich beeinflussen – nicht nur kurzfristig, sondern auf mittlere bis lange Sicht. Sie entfalten ihre Dynamik über Jahrzehnte, können aber auch die Grundlage für vergleichsweise schnelle Durchbrüche von Produkten sein. Daher ist die Arbeit mit Megatrends auch ein unverzichtbares Instrument für das Management und für die strategische Planung.

Megatrends sind ein Grundpfeiler der Arbeit in der Trend- und Zukunftsforschung. Sie sind langfristige Wandlungsprozesse, jedoch nicht eindimensional, sondern vielfältig und vernetzt. Sie entfalten ihre Dynamik querschnittartig, zum Teil über alle gesellschaftlichen und wirtschaftlichen Bereiche hinweg. Sie beeinflussen sich gegenseitig und verstärken sich so in ihrer Wirkung: Für die Silver Society ist beispielsweise nicht nur der demografische Wandel ein entscheidender Treiber, sondern auch der Megatrend Gesundheit. Der Megatrend New Work, der Wandel in der Arbeitswelt, wird maßgeblich geprägt durch die zunehmende digitale Vernetzung, also den Megatrend Konnektivität. Die anhaltende Urbanisierung wiederum hat entscheidenden Einfluss auf den Megatrend Mobilität. Und weil in den wachsenden Städten die meiste Energie auf dem Planeten verbraucht wird und viele Umweltprobleme am drängendsten sind, ist Urbanisierung zugleich auch eine wesentliche Triebkraft hinter dem Megatrend Neo-Ökologie.

Aufgrund dieser komplexen Verbindungen und Wechselwirkungen ist das Herzstück des Megatrend-Systems des Zukunftsinstituts die Megatrend-Map – eine Landkarte der wichtigsten Veränderungen unserer Zeit, die die Komplexität des Wandels sichtbar und intuitiv begreifbar macht. (vgl. **„Megatrend-Map“** im Umschlag)

Megatrends sind nicht nur Oberflächenbewegungen, sondern Tiefenströmungen des Wandels. Genau genommen sind sie multidimensionale Phänomene, die aus einer Vielzahl einzelner Trends entstehen – die auch Gegentrends hervorrufen, die in ihrer Rekursion wiederum für Wechselwirkungen sorgen. Daher können als Effekt von Megatrends, die sich prinzipiell langfristig entfalten, auch schnelle Durchbrüche mit disruptiven Entwicklungen entstehen. Megatrends und ihre Subtrends – jene Trends, die im Umfeld eines Megatrends wirken – zu kennen, richtig einzuordnen und individuell zu bewerten, ist daher unerlässlich, um etwa die Zukunftsfähigkeit neuer Produkte einschätzen zu lernen. Denn letztlich sind diese Trends vor allem eines: die Herausforderungen, an denen die Zukunft entsteht.

# Übersicht der Megatrends

### INDIVIDUALISIERUNG

Individualisierung ist das zentrale Kulturprinzip der westlichen Welt und entfaltet seine Wirkungsmacht zunehmend global. Der Megatrend codiert die Gesellschaft um: Er berührt Wertesysteme, Konsummuster und Alltagskultur gleichermaßen. Im Kern bedeutet Individualisierung die Freiheit der Wahl. Eine Freiheit die jedoch auch überfordert: Individualisten suchen Gemeinschaft und schaffen sie sich neu.

### SILVER SOCIETY

Der Megatrend Silver Society wirkt weltweit und gesellschaftsübergreifend: Die Gesellschaft wird älter und die Älteren werden mehr – soweit die Fakten. Gleichzeitig bleiben die Menschen länger gesund. Damit entsteht eine völlig neue Lebensphase nach dem bisherigen Rentenalter: Diese arbeitsfreie Phase verlängert sich und bietet Raum für Selbstentfaltung in neuen Lebensstilen im hohen Alter.

### NEW WORK

Umbrüche in der Gesellschaft, neue Technologien und disruptive Prozesse in der Wirtschaft führen zu fundamentalen Veränderungen in der Arbeitswelt, sie bestimmen den Megatrend New Work. In einer so digitalisierten wie globalisierten Zukunft wird Arbeit im Leben der Menschen einen neuen Stellenwert einnehmen, Arbeit und Freizeit fließen ineinander. Die beste Chance für den Erfolg haben Unternehmen, die sich als offene Plattform und Labor der besten Ideen verstehen.

### GENDER SHIFT

Das Geschlecht verliert an gesellschaftlicher Verbindlichkeit. Dieser Megatrend hat weitreichende Folgen in Wirtschaft und Gesellschaft – und ermöglicht es immer mehr Individuen, auf ihre eigene Art und Weise glücklich zu werden. Die Geschlechterbilder fusionieren, alte Rollenbilder und Karrieremodelle werden immer durchlässiger.

### WISSENSKULTUR

Im Umbruch von der Industrie- zur Wissensgesellschaft wird Bildung zu einer Kulturfrage, die die ganze Gesellschaft betrifft. Die Digitalisierung von Informationen ermöglicht immer mehr Menschen den Zugang zu ihnen. Die Förderung von individuellen Talenten und leidenschaftlicher Neugier schafft die Voraussetzungen für Innovationen und sozialen Aufstieg. Lernende Unternehmen werden im Wettbewerb gewinnen.

### GESUNDHEIT

Gesundheit ist nicht mehr nur erstrebenswerter Zustand, sondern Lebensziel und Lebenssinn. Psychische und physische Dimension werden immer enger verknüpft, Gesundheit und Zufriedenheit verschmelzen. Mit mehr Wissen treten die Menschen dem Gesundheitssystem auf Augenhöhe gegenüber. Detoxing, Bewegung und Selftracking sind integrale Bestandteile der Gesundheit als kulturelle Dimension des modernen Lebens.

### NEO-ÖKOLOGIE

Das Ende der klassischen Konsumwelt: Menschen wollen nicht mehr nur kaufen, sondern ihren Konsum stärker im Sinne der Umwelt und sozialen Gerechtigkeit steuern – und dabei keine Lebensqualität einbüßen. Das verschiebt die Koordinaten der Wirtschaft in Richtung einer neuen Business-Moral: Industrielle Systeme müssen sich umstellen – umweltfreundlich herstellen, abfallfrei wirtschaften, Ressourcen schonen und fairer produzieren.

### GLOBALISIERUNG

Die Globalisierung ist eine der zentralen Herausforderungen des 21. Jahrhunderts. Im virtuellen Raum des Internets rückt die Welt zusammen, eine globale Kultur entsteht. International agierende Plattform-Konzerne werden ohne eigene Infrastruktur zu neuen wirtschaftlichen Großmächten und krempeln ganze Branchen um. Der Welthandel wird zugänglich für alle Länder und fördert wirtschaftliches Wachstum.

### MOBILITÄT

Die globale Gesellschaft ist unterwegs, mit Menschen, Gütern und Daten – Orte verlieren ihre bindende Kraft, Heimat wird ein relativer Begriff, mobil sein wird zur kulturellen Pflicht. Verkehrsstationen werden zu Arbeits- und Lebensräumen, die Fixpunkte bilden im fließenden mobilen Lifestyle. Das Auto büßt seine dominante Stellung ein und wird zum autonomen Daten-Fahrzeug weiterentwickelt.

### KONNEKTIVITÄT

Konnektivität bezeichnet die neue Organisation der Menschheit in Netzwerken. Kein Megatrend löst mehr Disruption aus. Durch moderne Kommunikationstechnologien mit dem Internet im Zentrum entstehen neue Formen der Gemeinschaft, des Zusammenarbeitens, Wirtschaftens und Arbeitens. Aber es gibt auch Gegenbewegungen – eine neue Achtsamkeit im Umgang mit den Möglichkeiten von Konnektivität entsteht.

### URBANISIERUNG

Der Megatrend Urbanisierung ist stark wie nie: Die immer größeren Megacitys außerhalb Europas bekommen die wirtschaftliche Kraft ganzer Volkswirtschaften und werden zu Vorreitern für die Beantwortung der Frage, wie wir in Zukunft leben wollen. Die Städte der Zukunft werden vielfältiger, vernetzter, lebenswerter und in jeder Hinsicht „grüner" sein; die Grenzen zwischen Stadt und Land immer fließender.

### SICHERHEIT

Was mit Cyber beginnt, verändert den Begriff von Sicherheit – das macht den neuen Megatrend Sicherheit aus. Instanzen können keine Sicherheit mehr versprechen. Menschen sind Sicherheitsfaktoren, nicht nur Risikoträger. Unternehmen übernehmen mehr Verantwortung für ihre Sicherheit, der Staat nimmt sich zurück. Die neue Sicherheitskultur ist agil, beweglich und flexibel. Schnelle Antworten sind gefragt.

## TRENDKATEGORIEN: WAS GENAU SIND MEGATRENDS?

Die Vielschichtigkeit, die Megatrends innewohnt, mit der sie sich aufeinander beziehen und mit der sie auch scheinbare Widersprüche integrieren, erschwert mitunter das Verständnis. Es gibt jedoch klare Kriterien, um Megatrends zu erkennen und zu definieren:

**Dauer:** Der Trend hat eine Dauer von mindestens mehreren Jahrzehnten.

**Ubiquität:** Der Trend zeigt Auswirkungen in allen gesellschaftlichen Bereichen, in der Ökonomie, im Konsum, im Wertewandel, im Zusammenleben der Menschen, in den Medien, im politischen System etc.

**Globalität:** Megatrends sind globale Phänomene. Auch wenn sie nicht überall gleichzeitig stark ausgeprägt sind, so lassen sie sich doch früher oder später überall auf der Welt beobachten.

**Komplexität:** Megatrends sind vielschichtige und mehrdimensionale Trends. Sie erzeugen ihre Dynamik und ihren evolutionären Druck auch durch ihre Wechselwirkungen.

Um zu verstehen, in welchen Dimensionen sich Entwicklungen und Veränderungsprozesse vollziehen, ist es wichtig, die verschiedenen Formen von Trends klar zu trennen. Das Zukunftsinstitut arbeitet daher mit einem hierarchischen System, in dem einzelne Trendarten hinsichtlich ihrer Bedeutung und ihres Wirkungsbereichs kategorisiert werden. Manche Trends wälzen ganze Wirtschaftssysteme um, andere wirbeln gerade mal ein Stäubchen in einer Produktnische auf. Zu diesem Zweck arbeitet das Zukunftsinstitut seit Jahren mit einem Mehrebenenmodell, in dem sich übersichtlich zeigen lässt, welche Trends welche Einflussbereiche haben.

**Megatrends** sind die langfristigen, globalen Veränderungen, deren Dimensionen von der Gesellschaft über Technologien bis hin zu ökonomischen Grundprinzipien reichen. Sie wirken langfristig über Jahrzehnte und verändern nicht nur einzelne Segmente oder Bereiche des sozialen Lebens oder der Wirtschaft. Sie formen ganze Gesellschaften um. Sie sind Cluster von Trends, denn in ihnen kommen verschiedene Wandlungsbewegungen zusammen: technologische, soziale und ökonomische.

**Soziokulturelle Trends** sind mittelfristige Veränderungsprozesse im Bereich von 10 bis 15 Jahren, die ihren Kern in sozialen Prozessen und Organisationsformen haben. Dabei geht es vor allem um die Lebensstile und Einstellungen von Menschen, um Wertorientierungen, Bedürfnisstrukturen und Wünsche, die den sozialen Wandel prägen, sich aber auch stark in der Konsumkultur, auf den Märkten und in Produktwelten bemerkbar machen.

**Technologietrends** bauen auf Entwicklungen in Basistechnologien wie der Digitalisierung auf, aber auch auf mittelfristigen oder branchenspezifischen Veränderungen: etwa selbstfahrende Autos, der Einsatz von Drohnen in der Logistik, das Smart Energy Grid etc.

**Konsumtrends** sind verbraucher- und marktbezogene Trendentwicklungen von rund fünf Jahren Dauer, die nicht zuletzt durch medialen Einfluss ver-

## Trendkategorien im Wellenmodell

Die unterschiedlichen Geschwindigkeiten der Veränderung

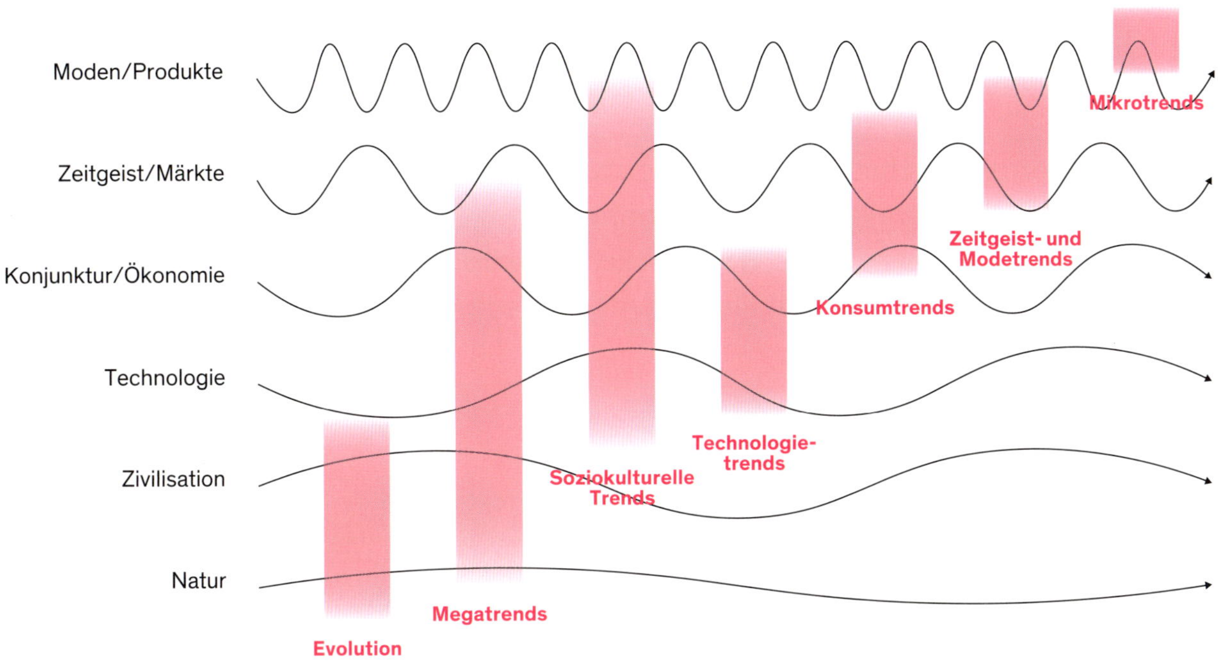


stärkt werden. Typische Beispiele wären Lebensmittellieferdienste, E-Bikes oder Bio-Supermärkte. Konsumtrends sind vielfach stark von Megatrends getrieben: So ist der Zero-Waste-Trend letztlich ein Teil des Megatrends Neo-Ökologie.

**Zeitgeist- und Modetrends** kräuseln sich auf der Oberfläche der Gesellschaft. Sie sind kurzfristige, flüchtige, oberflächliche und marketinggesteuerte Phänomene, die eher im Bereich einer Saison stattfinden. Mit dieser Art von Modetrends hat die moderne Trend- und Zukunftsforschung allerdings allenfalls am Rande zu tun.

**Mikrotrends** sind scharf umgrenzte Stilentwicklungen im Bereich des Designs, der Konsum- und Lebensweltphänomene. Sie sind ähnlich charakterisiert wie Zeitgeisttrends, wirken aber noch spezifischer und kurzfristiger, sie konzentrieren sich meist in Produktinnovationen oder sehr speziellen Businessmodellen.

Wie jedes Modell hat auch dieses die Eigenschaft, dass es sich um eine idealtypische Darstellung handelt. In der Praxis lassen sich die einzelnen Trendkategorien nicht immer trennscharf voneinander unterscheiden. Und selbstverständlich lassen sich auch innerhalb der einzelnen Trenddimensionen Trends ganz unterschiedlicher Kraft diagnostizieren. Die Zukunft bleibt ein offener Prozess und Megatrends fungieren dabei als Drifts in komplexen sozialen, wirtschaftlichen und kulturellen Systemen. Sie geben eine Richtung vor, aber kein Ergebnis.

# Technolution – Prognosemodell für die Technik

**Was haben Evolution und Technik miteinander zu tun? Eine ganze Menge. Mithilfe der Evolutionsgesetze lassen sich die tieferen Prinzipien der Innovation verstehen. Und zwar ziemlich verlässlich. So wird ein neues, humanzentriertes Prognosemodell für die Zukunft der Technik möglich.**

Unsere Vorstellungen der Zukunft haben eine interessante Doppeldeutigkeit. Sie sagen einerseits etwas aus über das Narrativ – über gesellschaftliche Mythen, die den Zukunftsbegriff konstruieren. Und sie sagen etwas aus über uns selbst – über Ängste und Wünsche gleichermaßen. Am weitesten verbreitet, sozusagen das Zukunfts-Standardmodell, ist die Vorstellung der Zukunft als Ergebnis einer radikalen technischen Substitution: Innovationen, Durchbruchtechnologien ersetzen bedingungslos und vollständig das Alte. In dieser Matrix kommt die Technik über uns, sie ist die maximale Logik. Demnächst wird uns Künstliche Intelligenz unser Frühstück servieren, wir fahren und leben automatisch-sprachgesteuert, wir werden unser Bewusstsein durch DNA-Upgrades enhancen und früher oder später Sex mit Robotern haben. Der Publizist Holm Friebe nennt diese Sichtweise das „Kindchenschema der Zukunft".

Wenn es um Technologie geht, tendieren wir zum linearen und einseitig technikdeterministischen Denken. Wir konstruieren das Morgen von der technologischen Machbarkeit her. Aber gerade die Geschichte der Technik ist eine Geschichte der Fehlprognosen: Weder leben wir heute in Raumstationen noch schlucken wir ausschließlich Ernährungspillen oder bewegen uns in fliegenden Autos durch die Stadt. All das waren ganz sichere Technikprognosen vor einem halben Jahrhundert.

Im futuristischen Kindchenschema sehen wir Zukunft nur als Gadgets, die uns höchste Komfortabilität versprechen. Aber wie entwickelt sich Technik wirklich? Bei Licht betrachtet sind wir umgeben von technischen Hybriden. Viele aktuelle Technologien setzen sich aus bewährten alten zusammen, sie sind Rekombinationen. Manche Artefakte haben sich seit Jahrtausenden nur graduell verändert. Ein Hammer ist auch heute noch ein Hammer, ein Messer ein Messer – auch wenn es heute Messer aus Kohlenstoff gibt. Fahrräder sind zwar bisweilen Hightech, funktionieren aber nur graduell anders. Schuhe werden nicht viel anders hergestellt als vor dreihundert oder tausend Jahren und Türklinken quietschen auch heute noch.

Darin zeigt sich das Phänomen der evolutionären Robustheit: Bewährte Formen setzen sich auch in der Evolution langfristig und robust fort. Aber auch die Radialität der Evolution – das Streuen von immer mehr Unterarten in immer mehr Umweltnischen – lässt sich im Technischen abbilden. Von vielen Artefakten lassen sich enorm differenzierte Stammbäume zeichnen, etwa von Zahnbürsten, Rasierapparaten oder Blasinstrumenten (vgl. Horx 2008). Die Regel dahinter: Technologie hat eine Tendenz zur Aufspaltung in immer mehr Unterarten, ähnlich wie die evolutionären Stammbaumstrukturen.

Die drei wichtigsten Wirkweisen der Evolution sind Mutation, Selektion und Adaption. Alle drei Phänomene können wir sowohl im Technium, also der Entwicklung der Technik, als auch in der biologischen Entwicklung beobachten. Ebenso ähnlich verlaufen die Wechsel von Stasis (Stillstand) zu schneller Mutation: In der Natur verändert sich manchmal über Millionen Jahre nichts, und dann explodiert die Artenvielfalt auf einmal. Man denke an den langsamen Fortschritt des Mittelalters, wo sich außer in der Militärtechnik nur wenig veränderte, und dann die große Mechanisierungs-Revolution vor 200 Jahren – oder die heutige Digitalisierung, in der ganze Schwärme von neuen Tech-Spezies entstehen.

Wenn ähnliche Muster Technik wie biologische Evolution vorantreiben, müsste es auch ein Aussterben von Technologie geben, analog zu Dinosauriern. In der Tat geraten immer wieder vielversprechende Technologien in die Sackgasse, etwa die Zeppelin-Technologie oder die Drucklufttechnik, die man vor 100 Jahren ernsthaft als Treiber für U-Bahnen auf langen Strecken einsetzen wollte (nicht zu verwechseln mit Elon Musks heutigen Plänen von Vakuumzügen). Technologien scheitern, wenn sie nicht angepasst sind an den Nutzen und Zweck, den sie erfüllen sollen, und dies auch nicht durch Variablen überwinden können (Adaptionsschwäche). Etwa dann, wenn sie allzu große Risiken und Folgeschäden erzeugen. An den Schnittstellen zwischen Mensch und Technik „funktioniert" etwas nicht richtig. Ebenso können Technologien auch leicht verschwinden, wenn ihre Funktionen durch andere, elegantere Techniken ersetzt oder inkorporiert werden, wie der MP3-Player oder das Fax-Gerät – vergleichbar mit der Co-Evolution von Mitochondrien in menschlichen Zellkörpern.

## DER GANZHEITLICHE BLICK: TECHNOLUTION

Das Technolution-Modell, das Technik und Evolution vereint, versucht, die Entwicklung von Technologie im Sinne evolutionärer Systeme und unter der Perspektive ganzheitlicher Systemdynamik darzustellen. In diesem holistischen Prognose-Modell stellt die menschliche Kultur sozusagen die Umwelt der technologischen Evolution dar – und auf diese Weise lassen sich kommende Passungen von Technik und Kultur antizipieren.

Das Technolution-Modell lässt uns unaufgeregt und ganzheitlich auf technologische Entwicklungen blicken. Techniken sind letzten Endes Umweltbewältigungsstrategien, in denen sich menschliche Motive offenbaren und realisieren. Techniken lösen ein Problem, aber sie tun das selten ohne Bedingungen und Folgewirkungen. Viele Technologien bringen Demütigungen mit sich, sie enteignen uns unserer menschlichen Fähigkeiten. Bleiben diese Folgewirkungen deutlich über dem Nutzen, entsteht eine evolutionäre Diskrepanz – und die Technik scheitert.

Das Prognose-Modell beruht auf einer Abschätzung der Treiber einer Technologie mit den Widerständen in Kultur, Gesellschaft, Individuen und existierenden Systemen. Damit lässt sich recht verlässlich voraussagen, wie groß die evolutionären Chancen einer bestimmten Technik oder Anwendung sind.

## 1. TREIBER DER TECHNOLOGIE

Jede Technologie wird von fünf menschlichen Grundbedürfnissen bzw. Motiven angetrieben:

→ **Mobilität:** Alles, was uns mobiler macht, bietet unmittelbar komparative Vorteile – ein Auto, ein Flugzeug, aber auch Laptops, WLAN-Netze oder Smartphones.

→ **Macht:** Es ist kein Zufall, dass viele der dominanten Technologien aus der Militärwelt stammen – die ersten mechanischen Großanwendungen in der Antike waren beispielsweise komplexe Schleudern und Wurfmechanismen.

→ **Effektivität:** Viele technische Entwicklungen haben ihren treibenden Faktor im Rationalisierungsbedürfnis der Wirtschaft.

→ **Kontrolle:** Die Kräfte der Natur, die Umwelt zu kontrollieren und für die eigenen Zwecke nützlich zu machen, ist ein weiteres elementares Motiv der Technik-Evolution.

→ **Status:** Viele Techniken oder Artefakte weisen einen nicht zu unterschätzenden Statusfaktor auf, der wiederum in seine eigenen Funktions-, Design- und Symbol-Aspekte zu zerlegen ist.

## 2. WIDERSTÄNDE GEGEN TECHNOLOGIE

Jede neue Technologie stößt auf Widerstände – dies sind die fünf zentralen Bremsen bei der Durchsetzung und Verbreitung neuer Technologie:

→ **Macht der Gewohnheit:** Menschen sind Gewohnheitstiere. Wir haben bestimmte Handgriffe eingelernt, wie das Drücken einer Tür oder das Zählen von Münzen. Solche Gewohnheiten sind zäher als man denkt, weil sie evolutionäre Konstanten abbilden.

→ **Systembeharrung:** Die oft gewaltigen Investitionen in bisherige technische Infrastrukturen müssen sich erst amortisieren, bevor neue Strukturen aufgebaut werden können. Daher setzen sich beispielsweise Magnetschwebebahnen kaum gegen Hochgeschwindigkeitszüge durch.

→ **Kontrollverlust und Überkomplexität:** Oft übersteigt der technologische Nutzen nicht die Mühe. Sind wir verwirrt und genervt von neuer Technik, zahlt sie sich nicht aus. Welchen Nutzen hat ein smarter Kühlschrank im Vergleich zum Aufwand seiner korrekten Bedienung?

→ **Der Prothese-Effekt:** Technologien können zu einem Entlernen genuin menschlicher Fähigkeiten führen. Wir verlieren durch die Nutzung die Autonomie eigener Fähigkeiten. Das Navigationssystem lässt uns das Kartenlesen verlernen. Das Puls-Armband entfremdet uns von unserem intuitiven Zugang zum eigenen Körper. Wird dieser Effekt so hoch, dass er uns von existentiellen Fähigkeiten abschneidet, wird sich eine Widerstandsreaktion entwickeln.

→ **Ethische und emotionale Krisen:** Technologie widerspricht immer wieder unseren humanen Grundkonstruktionen. Sie gerät in Konflikt mit unseren tiefen Werten. Beispiele dafür sind Gentechnik und Atomtechnik.

**Das Technolution-Modell im Einsatz:**
Evolutionäre Treiber und Hindernisse für fünf konkrete digitale Technologien.

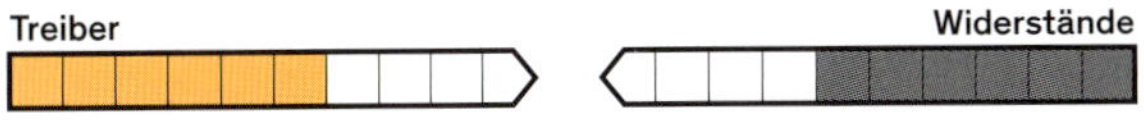


## Drohnen als Paketzusteller

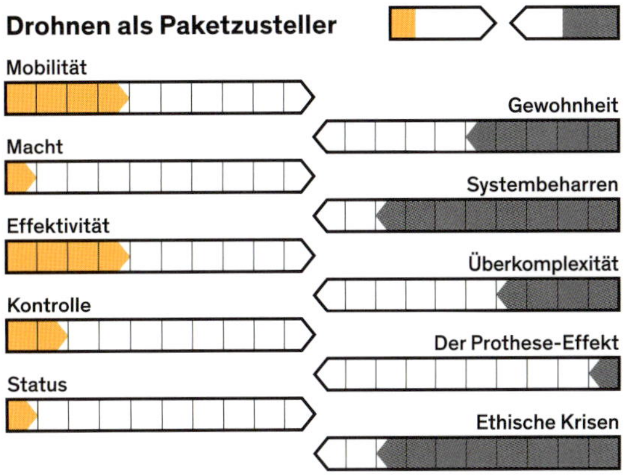


## Google Glass

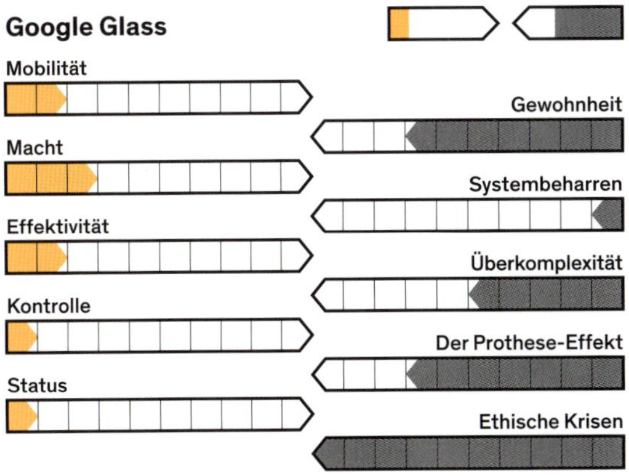


## Blockchain

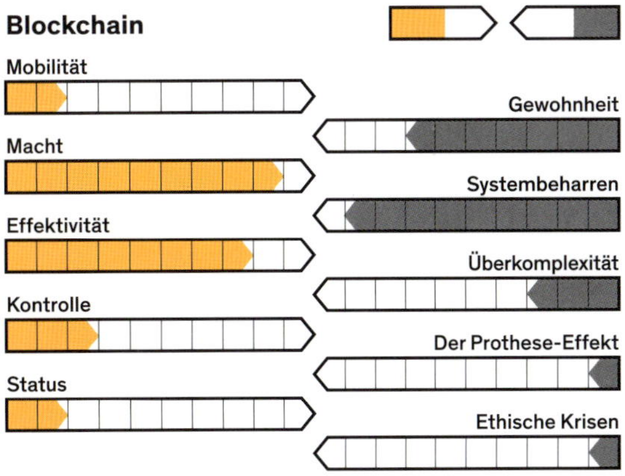


## Autonomes Fahren

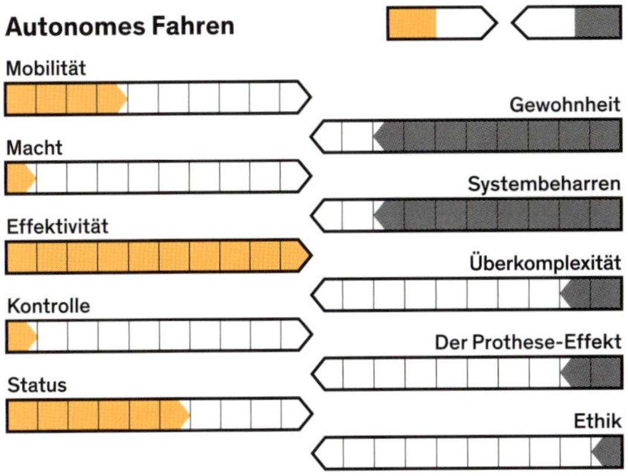


## Künstliche Intelligenz

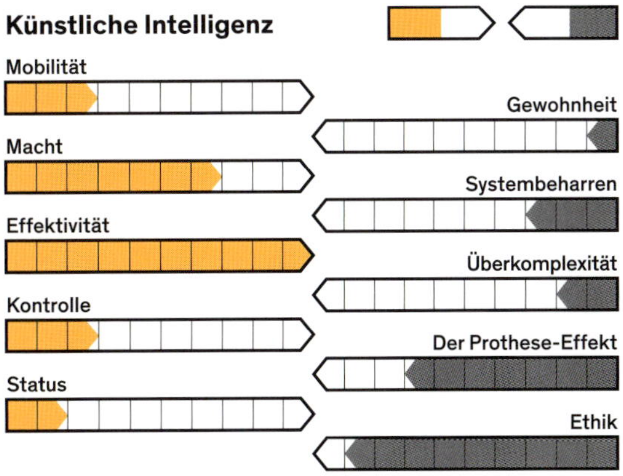

# Literaturverzeichnis


### EINLEITUNG

Lind, Michael (2010): The Boring Age. 10 Ideas for the Next 10 Years. In: time.com, 11.03.2010

Stephenson, Neal (2011): Innovation Starvation. In: wired.com, 27.10.2011

Thiel, Peter (2011): The End of the Future. In: nationalreview.com, 03.10.2011

### VERTIEFUNG

## HUMAN CENTERED DESIGN

Fadell, Tony (2015): The First Secret of Great Design (TED-Talk). In: youtube.com, 03.06.2015

Gatterer, Harry (2015): Perception Driven Innovation. In: zukunftsinstitut.de, 12/2015

Horx, Matthias (2018): Das postdigitale Zeitalter. In: Zukunftsinstitut / Horx, Matthias (Hg.): Zukunftsreport 2019. Frankfurt am Main, S. 12-31

Horx, Matthias (2016): Der Roboter-Report. In: Zukunftsinstitut / Horx, Matthias (Hg.): Zukunftsreport 2017. Frankfurt am Main, S. 16–39

Horx, Matthias (2017): Die Rache des Analogen. In: Zukunftsinstitut / Horx, Matthias (Hg.): Zukunftsreport 2018. Frankfurt am Main, S. 116–125

Kaduk, Stefan / Osmetz, Dirk / Wüthrich, Hans A. und Hammer, Dominik (2013): Musterbrecher. Die Kunst, das Spiel zu drehen. Hamburg

Saswito, Julia (2016): Technik braucht den Human Touch. In: zukunftsinstitut.de, 09/2016

Sax, David (2017): Die Rache des Analogen. Warum wir uns nach realen Dingen sehnen. Salzburg

Schuldt, Christian (2016): Voice Interfaces. Sprechen statt Tippen. In: zukunftsinstitut.de, 09/2016

Schuldt, Christian (2017): OMline. Digital erleuchtet. In: Zukunftsinstitut (Hg.): Die neue Achtsamkeit. Der Mindshift kommt. Frankfurt am Main, S. 46–55

Schuldt, Christian (2018): Voice First? Human First. In: Zukunftsinstitut / Horx, Matthias (Hg.): Zukunftsreport 2019. Frankfurt am Main, S. 65-67

Zukunftsinstitut (Hg.) (2016): Digitale Erleuchtung. Alles wird gut. Frankfurt am Main

Zukunftsinstitut (Hg.) (2018): Hands-on Digital. Agenda für digitale Kompetenz. Frankfurt am Main

Zukunftsinstitut (Hg.) (2017a): Playful Business. Wer spielt, gewinnt! Frankfurt am Main

Zukunftsinstitut (Hg.) (2017b): Workbook Entwickeln: Perception Driven Innovation. Frankfurt am Main

## SEAMLESS MOBILITY

European Commission (2018): Statistical pocketbook 2018. EU Transport in Figures. Luxemburg

Oliver Wyman/VDA (2018): Future Automotive Industry Structure. FAST 2030. Berlin

## CIRCULAR ECONOMY

Bojanowski, Axel (2018): Müllstrudel ist mehr als viermal so groß wie Deutschland. In: spiegel.de, 22.3.2018

Boldt, Beatrix (2016): Natürliche Luftreiniger: Pflanzen fixieren Stickstoffmonoxid. In: bioökonomie.de, 9.6.2016

Bombelli, Paolo / Howe, Christopher J. und Bertocchini, Federica (2017): Polyethylene bio-degradation by caterpillars of the wax moth Galleria mellonella. In: Current Biology 27 (8), S. 292–292

Brennan, Pat (2017): Narwhal recruits track melting arctic ice. In: cimate.nasa.gov, 26.10.2017

Bundesinstitut für Risikobewertung (2018): Mikroplastik in Lebensmitteln. Viele ungeklärte Fragen bei Wissenschaft und Öffentlichkeit. In: bfr.bund.de, 22.10.2018

EPEA (2017): Cradle to Cradle. Innovation, Qualität und gutes Design. In: epea.com

Europäische Kommission (2018): Einwegkunststoffprodukte. Neue EU-Vorschriften zur Verringerung der Meeresabfälle. In: europa.eu, 28.5.2018

Eurostat (2018): Packaging waste by waste management operations and waste flow. In: ec.europa.eu/eurostat, 25.10.2018

Handelsblatt (2018): Ist Mülltrennung in Wahrheit für die Tonne? In: orange.handelsblatt.com, 31.1.2018

IfD Allensbach (2018): Allensbacher Markt- und Werbeträger-Analyse. AWA 2018. In: ifd-allensbach.de, 07/2018

Nielsen (2018): Unpacking the Sustainability Landscape. In: nielsen.com, 11.8.2018

Pietsch, Sophia-Luise (2018): Wird dieser plastikfressende Pilz die Welt retten? In: newsgreen.net, 22.3.2018

Scheffer, Susanne (2018): Start-up Kaffeeform. Tassen aus Kaffeesatz, wiederverwendbar. In: Küchen Design Magazin, 12.4.2018

Stepanek, Martin (2017): Schlaue Krähen sammeln alte Zigarettenstummel. In: futurezone.de, 16.10.2017

Törnqvist, Pontus (2018): Potato Plastic. In: jamesdysonaward.org

UN (2015): Environment and Climate Change. In: un.org

Yalcinkaya, Gunseli (2018): Malmö Upcycling Service creates homeware from recycled waste material. In: dezeen.com, 20.3.2018

Yoshida, Shosuke et al. (2016): A bacterium that degrades and assimilates poly(ethylene terephthalate). In: SCIENCE, S. 1196–1199, 11.3.2016

Zukunftsinstitut (Hg.) (2017): Generation Global. Frankfurt am Main

Zukunftsinstitut / Reichel, André (Hg.) (2018): Next Growth. Wachstum neu denken. Frankfurt am Main

## KOMPLEXITÄTSREDUZIERER

Deutschland sicher im Netz e.V. (DsiN) (2018): DsiN-Sicherheitsindex 2018. Digitale Sicherheitslage der Verbraucher in Deutschland. Berlin

Drucker, Peter (1964): Managing for Results: Economic Tasks and Risk-Taking Decisions. London

Initiative D21 e. V. (D21) (2018): D21 DIGITAL INDEX 2017/2018. Jährliches Lagebild zur Digitalen Gesellschaft.

Statista (2018): Polizeilich erfasste Fälle von Wohnungseinbruchdiebstahl in Deutschland von 1999 bis 2017. In: statista.com

## KRISEN-INNOVATIONEN


Auer, Matthias (2017): Der Code, der die Welt verändert, In: enorm-magazin.de

Augsburger Allgemeine (2018): Zahl der Toten durch Landminen deutlich angestiegen. In: augsburger-allgemeine.de, 20.11.2018

Basu, Sreeradha (2014): Amazon's 'made-for-India' hiring strategy may soon go global. In: economictimes.indiatimes.com, 23.9.2014

Bündnis Entwicklung Hilft und Ruhr-Universität Bochum – Institut für Friedenssicherungsrecht und Humanitäres Völkerrecht (Hg.) (2018): Weltrisikobericht 2018. Fokus: Kinderschutz und Kinderrechte. Berlin

Gassmann,Oliver / Frankenberger, Karolin und Csik, Michaela (2013): Geschäftsmodelle entwickeln. St. Gallen

Govindarajan, Vijay (2012): P&G Innovates on Razor-Thin Margins. In: hbr.org, 16.4.2012

Govindarajan, Vijay (2017): Reverse Innovation (TED-Talk). In: youtube.com, 6.3.2017

Honsel, Gregor (2013): Innovation mal andersherum. In: heise.de, 24.4.2013

Kanning, Tim (2017): Wo Flüchtlinge mit einem Augenblick bezahlen. In: faz.net, 24.11.2017

Nienhaus, Lisa / Schieritz, Mark und Tönnesmann, Jens (2018): Der Blockchain-Code. In: zeit.de, 28.2.2018

Rieth, A. J. / Yang, S. / Wang, E. N. und Dincă, M. (2017): Record atmospheric fresh water capture and heat transfer with a material operating at the water uptake reversibility limit. ACS Cent. Sci. 3, S. 668–672

Rottenschlager, Andreas (2018): Retter in rot. In: redbull.com, 17.8.2018

Sanders, Robert (2018): In desert trials, next-generation water harvester delivers fresh water from air. In: news.berkeley.edu, 8.6.2018

Trösch, Thomas (2018): Wasser gewinnen aus Wüstenluft. In: handelsblatt.com, 12.06.2018

World Economic Forum (2018): The Global Risks Report 2018. In: weforum.org

Zeit Online / dpa / kat (2018): Hurrikans werden langsamer und immer zerstörerischer. In: zeit.de, 06.06.2018

Zukunftsinstitut (Hg.) (2013): Die Zukunft der Sicherheit. Sicherheit und Risiko in der Welt von morgen, Frankfurt am Main

Zukunftsinstitut (Hg.) (2018): Megatrend Dokumentation. Frankfurt am Main


## NEW LUXURY


Bendell, Jem (2012): Elegant Disruption: How Luxury and Society can Change Each Other for Good. In: insight.cumbria.ac.uk

Bendell, Jem und Kleanthous, Anthony (2007): Deeper Luxury. Quality and Style When the World Matters. In: kristyhsu.wordpress.com, 18.3.2012

Edelman (2018): Two-Thirds of Consumers Worldwide Now Buy on Beliefs. In: edelman.com, 2.10.2018

Globeone (2018): No Purpose, No Brand! In: globe-one.com, 3.7.2018

Kaufmann, Richard (2018): Die Befreiung von der Sklaverei des Zwecks. In: Transform. Luxus für die oberen 100%, Nr. 5/2018, S. 50–53

Wadsworth, Emily (2018): „Designers aren't taking responsibility" says Stella McCartney. In: dezeen.com, 10.7.2018

Wiesing, Lambert (2015): Luxus. Berlin

Zukunftsinstitut / Lebensmittel Zeitung (Hg.) (2016): Hanni Rützlers Food Report 2017. Frankfurt am Main


## KI & ROBOTIK


Heimbrecht, Felix (2018): Künstliche Intelligenz. Hype vs. Realität. In: zukunftsinstitut.de

Horx, Matthias (2018): Das postdigitale Zeitalter. In: Zukunftsinstitut / Horx, Matthias (Hg.):

Zukunftsreport 2019. Frankfurt am Main, S. 12-31

Zukunftsinstitut (Hg.) (2018): Hands-on Digital. Agenda für digitale Kompetenz. Frankfurt am Main


## STEALTH HEALTH


Businesswire (2017): Erste Einreichung eines Zulassungsantrags bei der FDA in den Vereinigten Staaten für ein Kombinationsprodukt eines tragbaren Arzneimittelgeräts. In: businesswire.com, 6.11.2017

Gartner (2018): Wearables Hold the Key to Connected Health Monitoring. In: gartner.com, 8.3.2018

IfD-Allensbach (2016): MLP Gesundheitsreport 2016. In: mlp-se.de, 21.9.2016

Nowak, Mirela (2017): Mehr als Mode: sticklett mischt E-Health-Branche auf. In: weekend.at, 16.11.2017

Research and Markets (2018): Wearable Medical Devices Market by Device. Global Forecast to 2022. In: researchandmarkets.com

Ronstedt, Marlene (2017): Das Internet der Dinge erobert die Kleiderschränke. In: wired.de, 14.6.2017

Schwab, Irmela (2018): Tokenizing Your Body. Warum die GenZ ihre Daten verkauft. In: dmexco.com, 23.8.2018

Silver, Marc (2018): Scientists Develop Tiny Tooth-Mounted Sensors that Can Track What You Eat. In: now.tufts.edu, 22.3.2018

Weber, Nina (2017): Tablette meldet, dass sie eingenommen wurde. In: spiegel.de, 15.11.2017

Weiser, Mark (1991): The Computer for the 21st Century. In: Scientific American, 265 (30)/1991, S. 94–104

WHO (2018): World Health Statistics 2018. Monitoring Health for the SDGs, Sustainable Development Goals. Genf

YouGov (2017): Smart Health. Deutsche offen für digitale Übermittlung von Gesundheitsdaten an den Arzt. In: yougov.de, 17.3.2017

Zukunftsinstitut (Hg.) (2018): Megatrend-Dokumentation. Frankfurt am Main


## FOOD SOLUTIONS


Bundesanstalt für Landwirtschaft und Ernährung (BLE) (2017): Presseinformation. In: ble.de 03/2017

Bundesministerium für Ernährung und Landwirtschaft (BMEL) (2018): Ernährungsreport 2018 „Deutschland, wie es isst". In: bmel.de, 01/2018

Bundesministerium für Ernährung und Landwirtschaft (BMEL) (2019): Ernährungsreport 2019 „Deutschland, wie es isst". In: bmel.de, 01/2019

Bundesinstitut für Risikobewertung (BfR) (2015): BfR-Verbrauchermonitor. In: mobil.bfr.bund.de, 06/2015

Food and Agriculture Organization of the United States (FAO) (2011): World Livestock 2011. In: fao.org

Food and Agriculture Organization of the United States (FAO) (2018): The Contribution of Insects to Food Security, Livelihoods and the Environment. In: fao.org, 09/2018

Meticulous Research (2018): Prognostiziertes Marktvolumen von essbaren Insekten in verschiedenen Regionen weltweit in den Jahren 2018 und 2023. In: bloomberg.com, 07/2018
Seventh Framework Programme of the European Commission (2018): MooDFOOD Project Report Summary 3. In: moodfood-vu.eu
Zukunftsinstitut / Lebensmittel Zeitung (Hg.) (2018): Hanni Rützlers Food Report 2019. Frankfurt am Main

**VERTIEFUNG**

## FUNDAMENT

Amichai-Hamburger, Yair (2009): Technology and Psychological Well-Being. Cambridge
Basalla, George (1989): The Evolution of Technology. Cambridge
Edgerton, David (2007): Shock of the Old. Technology and Global History Since 1900. Oxford
Franklin, Carl (2003): Why Innovation Fails. Hard-Won Lessons for Business. London
French, Michael (1988): Invention and Evolution. Design in Nature and Engineering. Cambridge
Gould, Stephen Jay (1991): Exaptation. A Crucial Tool for an Evolutionary Psychology. In: Journals of Social Issues, Vol. 47 (3), S. 43–65
Horx, Matthias (2016): Handbuch für Zukunftsagenten. Frankfurt am Main
Horx, Matthias (2008): Technolution. Wie unsere Zukunft sich entwickelt. Frankfurt am Main
MacKenzie, Donald (1999): The Social Shaping of Technology. Milton Keynes
Naisbitt, John (1999): High Tech, High Touch. Auf der Suche nach Balance zwischen Technologie und Mensch. Hamburg
Seidensticker, Bob (2006): Future Hype. The Myths of Technology Change. Oakland
Zukunftsinstitut (Hg.) (2018): Megatrend Dokumentation. Frankfurt am Main

# Bildquellen

| | | |
|---|---|---|
| S. 22–23 | 1 | Jonathan Chu |
| | 2, 3 | Miguel Harry, miguelharry.com |
| | 4 | Skully |
| S. 24–25 | 1 | Teslasuit |
| | 2, 3 | Copyright © 2018 Nura Operations Pty Ltd |
| S. 26–27 | 1 | Y-Brush |
| | 2 | ZOZO |
| | 3 | Cooler Master |
| | 4 | reMarkable |
| S. 30–31 | | Matthias Laschke |
| S. 37 | 1 | City Transformer |
| S. 38 | 1 | Sono Motors |
| | 2 | MOIA GmbH |
| S. 40 | 1 | Lime |
| | 2 | COUP Mobility GmbH |
| | 3 | Sensible 4 Ltd |
| | 4 | ioki |
| S. 42 | | Toyota |
| S. 49 | 1 | James Dyson Awards |
| | 2, 3 | Ecovative |
| S. 50 | 1 | Adam Sakovy |
| | 2 | Courtesy of Modern Meadow |
| | 3 | wisefood GmbH |
| S. 53 | 1, 2 | Kaffeeform |
| | 3 | M.U.S. |
| | 4 | M.U.S., Foto: David Möller |
| S. 54–55 | 1 | FullCycle Bioplastics |
| | 2, 3 | Allbirds |
| | 4 | James Dyson Awards |
| S. 56 | 1 | Third Nature |
| | 2 | Third Nature and ACO |
| | 3 | James Dyson Awards |
| S. 58 | | David Stewart for Wired |
| S. 60 | | C2C e.V. |
| S. 66 | 1 | Sirin Labs |
| S. 69 | 1 | Courtesy of Token |
| | 2 | mitipi |
| | 3, 4 | LG Display |
| S. 72 | | Nettoken |
| S. 78–79 | 1 | Project Owl |
| | 2 | DOK-ING |
| S. 80–81 | 1 | www.flyability.com |
| | 2 | Eugene Kapustin |
| | 3 | Credit: Stephen McNally and Roxanne Makasdjian, UC Berkeley |
| | 4 | More Than Shelters |
| S. 82–83 | 1 | WFP/Mohammad Batah |
| | 2 | James Dyson Awards |
| | 3, 4 | Zipline |
| S. 84 | 1, 2 | MoSan |
| S. 86 | | More Than Shelters, Foto: Malte Metag |
| S. 87 | | More Than Shelters |
| S. 88–89 | | Project Owl |
| S. 95 | 1 | earthtuface |
| | 2, 3 | REALTRUE |
| | 4 | To'ak Chocolate |
| S. 96–97 | 1 | Bolt Threads |
| | 2 | Nick LaVecchia Photography |
| | 3 | HYT |
| S. 98–99 | 1 | Daimler AG |
| | 2 | JUNG |
| | 3 | Alexandra Llewellyn Design |
| S. 107 | 1 | Boston Dynamics |
| S. 108 | 1 | ecoRobotix |
| | 2 | Simbe Robotics |
| | 3 | Symrise |
| S. 110–111 | 1 | James Dyson Awards |
| | 2, 3 | MANN+HUMMEL |
| S. 112–113 | 1, 2 | LuxAI |
| | 3 | Honda |
| | 4 | Fraunhofer IPA, Fotos: Rainer Bez (2015) |
| S. 114 | | KUKA |
| S. 121 | 1 | Sensile Medical |
| | 2 | Empa |
| S. 122–123 | 1 | © 2018 Otsuka America Pharmaceutical, Inc. Rockville, MD |
| | 2 | SilkLab, Tufts University |
| S. 124 | 1 | sticklett |
| | 2 | © Copyright Spire, Inc. |
| | 3 | Upright Technologies |
| | 4 | Wearable X |
| S. 126 | 1 | © Copyright SUPAspot Inc. |
| S. 128 | | Daniel Scott SUPA |
| S. 130 | | Birgit Graf |
| S. 137 | 1 | Uplift Food |
| S. 138–139 | 1 | Sensatonics |
| | 2 | agrilution |
| S. 140–141 | 1 | Kiesbye |
| | 2–6 | Impossible Foods Inc. |
| S. 142–143 | 1 | Thrive |
| | 2 | Perfect Day |
| | 3 | Warndu |
| | 4 | Kompeimages 2017 |
| S. 146 | | lara Guedes für „Die Küche der Achtsamkeit", Kunstmann Verlag |
| S. 148 | | Yoni Nimrod |

# Über das Zukunftsinstitut

Das Zukunftsinstitut ist ein internationaler Think-Tank für Trend- und Zukunftsforschung. In diesem Bereich ist das 1998 gegründete Institut heute eines der einflussreichsten Forschungs- und Beratungsteams Europas.

**UNSER AUFTRAG**

Wir treten mit dem Auftrag an, den gesellschaftlichen und wirtschaftlichen Wandel in seinen Mustern zu erkennen und zu beschreiben. Unsere Analysen und Erkenntnisse teilen wir in unseren Publikationen, Vorträgen (Future Talks) und Events (u.a. der Future Day). Strategische Entscheider begleiten wir mit unserem Beratungsformat Future Room.

**UNSER ZIEL**

Ziel unserer Arbeit ist es, die Orientierung und Businessintelligenz unserer Kunden – Unternehmen, Institutionen und Zukunftsinteressierte – zu schärfen. Das schafft Raum für neue, zukunftsweisende Strategien, wirtschaftliche Transformation und Innovation. Wir verstehen uns als Sparringspartner, der einen differenzierten Blick auf Zukunftsfragen mitbringt, um neues Denken zu ermöglichen.

**UNSERE GRUNDSÄTZE**

Als Netzwerk aus Experten und Forschern unterschiedlicher Disziplinen arbeiten wir mit fundierten Methoden und verfügen über umfassende strategische Insights. Bei all dem liegt uns besonders am Herzen: Wir sind kritische Zukunftsoptimisten und überzeugt, dass die Zukunft ein Gestaltungsraum ist – unsere Chance.

**www.zukunftsinstitut.de**

**UNSER PRODUKTPORTFOLIO**

# **Beratung:** Future Room, der strategische Beratungsansatz des Zukunftsinstituts
futureroom.network

# **Publikationen:** Trendstudien, Auftragsstudien, jährliche Branchenreports, Workbooks, Methodenbücher, Megatrend-Dokumentation
onlineshop.zukunftsinstitut.de

# **Vorträge:** Future Talks – das Netzwerk führender Zukunftsreferenten
futuretalks.network

# **Events:** Future Day – der Zukunftskongress für Entscheider (futureday.network), Managed Events und Future Trainings
zukunftsinstitut.de/events

# **Mitgliedschaft:** Future Circle – exklusiver Zugang zu Publikationen, Know-how und Veranstaltungen des Zukunftsinstituts
zukunftsinstitut.de/future-circle

# Das Manifest des Zukunftsinstituts

1.
Wir erkennen, benennen und beschreiben die Zukunft.

2.
Wir denken ganzheitlich und systemisch.

3.
Unsere Arbeit öffnet neue Räume im Denken.

4.
Unsere Erkenntnisse erhöhen die Businessintelligenz.

5.
Unser Ziel ist Wirksamkeit.

6.
Wir wirken, indem wir frühzeitig erkennen.

7.
Wir stehen für einen kritischen Zukunftsoptimismus.

Und:
Du darfst Zukunft auch neu denken.

zukunftsInstitut